电工技术基础与技能
（第2版）

主　编　董国军　胥　进　李建君
副主编　敬瑞雪　覃敏刚　刘清华　何寿廷
主　审　范　军

北京理工大学出版社
BEIJING INSTITUTE OF TECHNOLOGY PRESS

内 容 简 介

本书是根据教育部颁布的中等职业学校电工技术基础与技能大纲，并参照相关的最新国家职业技能标准和行业职业技能鉴定规范中的有关要求编写而成的。主要内容包括认识电工实训室、测量简单直流电路参数、识别与检测电阻器、测量复杂直流电路参数、识别与检测电容器、安装家庭配电线路、提高电路功率因数、认识三相供电电路和认识发电机；系统地进行了现场急救、简单直流电路参数的测量、电阻器的识别与检测、复杂直流电路参数测量、家庭配电线路的安装等项目技能训练。每个项目分成"任务书—学习指导—工作单—课后练习"4个部分，实现理实一体。

本书可供中等职业学校加工制造类专业的电工技术课程教学使用，也可供中高职衔接加工制造类专业中职段电工技术课程教学使用，还可作为机械工人岗位培训教材及自学用书。

图书在版编目（CIP）数据

电工技术基础与技能/董国军，胥进，李建君主编.—2版.—北京：北京理工大学出版社，2019.10（2022.8重印）

ISBN 978-7-5682-7772-3

Ⅰ.①电…　Ⅱ.①董…②胥…③李…　Ⅲ.①电工技术–中等专业学校–教材
Ⅳ.①TM

中国版本图书馆CIP数据核字（2019）第239866号

出版发行 / 北京理工大学出版社有限责任公司

社　　　址 / 北京市海淀区中关村南大街5号

邮　　　编 / 100081

电　　　话 / （010）68914775（总编室）

　　　　　　（010）82562903（教材售后服务热线）

　　　　　　（010）68944723（其他图书服务热线）

网　　　址 / http://www.bitpress.com.cn

经　　　销 / 全国各地新华书店

印　　　刷 / 定州市新华印刷有限公司

开　　　本 / 710毫米 × 1000毫米　1/16

印　　　张 / 13.5　　　　　　　　　　　　　　　　责任编辑 / 陈莉华

字　　　数 / 320千字　　　　　　　　　　　　　　文案编辑 / 陈莉华

版　　　次 / 2019年10月第2版　2022年8月第4次印刷　责任校对 / 周瑞红

定　　　价 / 37.00元　　　　　　　　　　　　　　责任印制 / 边心超

图书出现印装质量问题，请拨打售后服务热线，本社负责调换

前　言

本教材是根据教育部颁布的中等职业学校电工技术基础教学大纲，并参照相关的最新国家职业技能标准和行业职业技能鉴定规范中的有关要求编写而成的。在编写过程中以"专业与产业、职业岗位对接，专业课程内容与职业标准对接，教学过程与生产过程对接，学历证书与职业资格证书对接，职业教育与终身学习对接"的职教理念为指导思想，针对学生知识基础，吸收企业、行业专家、高职院校专家意见，结合中等职业教育培养目标和教学实际需求，特别针对中等职业学生学习基础较差、理性认识较差、感性认识较强的特点，遵循由浅入深、由易到难、由简单到复杂的循序渐进规律编写。

本书主要体现以下特色：

（1）以"工作过程系统化"为导向，以"任务驱动、行动导向"为指导思想，利用项目载体来承载和组织教学内容，知识围绕项目载体搭建，技能围绕项目载体实施。

（2）教学内容充实。教学内容源于生产实际，精心选择和设计教学载体，利用源于企业实际的载体来组织教学和承载技能与知识，排序合理，符合学生的认知规律。

（3）教学形式新颖。教学过程实行任务驱动，将企业工作流程、操作规范及文明生产引入课程教学内容中，有利于职业素养的形成，实现了教学过程与工作过程相融合，技能训练教学在全真的生产环境中进行，做到边学边做、理论与实践相结合。

（4）理实一体。通过"任务书"的"行动导向"来驱动教学，每个项目由任务书提出任务，驱动学生学习相关理论知识，再用"工作单"再现生产或实训过程并引导教学，既达到了行业生产要求，也符合教学组织需要，彻底摆脱了"学科导向"课程模式及"结果导向"教学方法的束缚，从而真正体现了中职专业技术课的职业性、实践性和开放性。

（5）参与编写工作的都是从事多年中职学校教学的一线骨干教师、企业一线技师、企业专家，编者经验丰富，了解学生，能很好地把握知识的重点、难点，并能很好地结合实际操作进行教学。

本书由四川职业技术学院为主任单位，联合首批国家改革创新示范校射洪职业中专学校等多所中等职业学校的骨干教师、企业专家在四川职业技术学院的指导下编写而成。四川职业技术学院承担了四川省教育体制改革试点项目"构建终身教育体系与人才培养立交桥，全面提升职业院校社会服务能力"的探索与研究，积极搭建中高职衔接互通立交桥。构建中高职衔接教材体系，既满足中等职业院校学生在技能方面的培养需求，也能满足学生在升入高等职业院校学习时对于专业理论知识的需要。

本书由射洪县职业中专学校正高级技师董国军、省特级教师胥进、李建军担任主编。邀请企业专家、技师何延廷参与编写修订，参与编写的还有敬瑞雪、覃敏刚、刘清华等一线骨干教师。全书由范军老师主审。

由于编者经验和水平所限，本书难免存在不足和错漏之处，诚请有关专家、读者批评指正。

编　者

目　录

项目1 认识电工实训室

电工实训室是进行理论和实践教学的重要场所。它可以满足电工技术理论课程所开设的配套实验及电工基本技能训练，也能满足电机拖动理论课程所开设的配套实验，同时还承担电工职业资格技能鉴定考试和考前培训。本项目主要介绍电能传输与实训室常见供电电源及安全用电常识。

1.1 任务书

1.1.1 任务单

项目1	认识电工实训室	工作任务	(1) 认识电能传输与常见供电电源； (2) 认识电工实训室； (3) 触电与急救	
学习内容	(1) 认识电能传输； (2) 认识电工实训室； (3) 触电与急救		教学时间/学时	6
学习目标	(1) 了解电能产生及其转换； (2) 了解实训室常见配电电器与电源； (3) 了解触电及其急救知识			
思 考 题	(1) 从能量的转换角度来讲，水力发电、火力发电、核电、风力发电和电池分别是将_____能、_____能、_____能和_____能转换为电能。			
	(2) 进入实训室要注意什么？			
	(3) 安全用电的技术措施有哪些？			

1.1.2 资讯途径

序号	资讯类型
1	上网查询
2	安全用电常识
3	电工实训室安全操作规程
4	观摩现场急救演练
5	查阅试电笔的使用方法

1.2 学习指导

1.2.1 训练目的

（1）通过观察，能够正确分析电能与其他能量之间的转换关系，能用文字和符号正确描述交流电。

（2）通过观察，能够认识电工实训室配电电器的名称和作用。

（3）能用试电笔判断电工实训台电源是否带电。

（4）能够模拟进行触电急救。

1.2.2 训练重点及难点

（1）认识电工实训室配电电器的名称和作用。

（2）触电急救。

1.2.3 认识电工实训室的相关理论知识

1. 认识电能传输与常见供电电源

1）电能及其产生

电能（Electric Energy）是指电以各种形式做功（即产生能量）的能力。

在生产和生活中，电能被转换成其他所需能量形式，如热能、光能、动能等，所以说电能是科学技术发展、国民经济飞跃的主要动力。图 1-1 所示为电能在交通、城市照明、纺织及冶金中的应用。

图 1-1　电能在交通、城市照明、纺织及冶金中的应用

日常生活中使用的电能主要来自其他形式能量的转换。电能产生的方式如图 1-2 所示。

水力发电站　　　　　　　　　　　蓄电池

太阳能发电站　　　　　　　　　　火力发电站

核电站

图 1-2　电能产生的方式

电源是提供电能的装置，可将其他形式的能转换成电能。

（1）直流电。

直流电（Direct Current，DC）是指方向不随时间做周期性变化的电流，日常生活中用的干电池、蓄电池都是直流电。常见提供直流电的电池如图 1-3 所示。

(a)　　　　　　(b)　　　　　　(c)　　　　　　(d)　　　　　　(e)

图 1-3　常见提供直流电的电池

(a) 锌锰电池；(b) 层叠电池；(c) 蓄电池；(d) 笔记本电脑电池；(e) 手机电池

（2）交流电。

交流电（Alternating Current，AC）也称"交变电流"，简称"交流"。一般指大小和方向随时间做周期性变化的电压或电流。它的最基本的形式是正弦电流。常说的交流电都是指正弦交流电。

日常生活用的照明电是单相正弦交流电，它由一条相线（俗称"火线"）和一条中性线（俗称"零线"）构成，220 V 是指它的有效值。

一般来说，日常生活中三相交流电是三相对称交流电，即由 3 个频率相同、电势振幅相等、相位互差 120°角的交流电路组成的电力系统。目前，我国生产、配送的都是三相交流电。图 1-4 所示为单相、三相交流电波形。

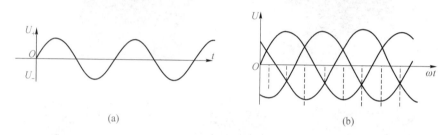

图 1-4 单相、三相交流电波形图
（a）单相交流电波形；（b）三相交流电波形

2）电能的传输

电能的传输是指电能从发电厂到用户，要经过升压、输送、降压、配电的过程。

（1）直流电能传输。

在电力传输上，19 世纪 80 年代以后，由于不便于将直流电低电压升至高电压进行远距离传输，直流输电曾让位于交流输电。自 20 世纪 60 年代以来，由于采用高电压、大功率变流器将直流电变为交流电，直流输电系统又重新受到重视并获得新的发展。

在我国，葛洲坝—上海 1 100 km、±500 kV 输送容量的直流输电工程，已经建成并投入运行。此外，全长超过 2 000 km 的向家坝—上海直流输电工程也已经建成，该线路是截至 2011 年年初世界上距离最长的高压直流输电项目。

（2）交流电能传输。

在交流电能传输系统中，为提高输电效率，减少输电过程中的能量损耗和电压损失，从发电厂到变电站，采用高压传输。为了提高电在传输过程中的安全性，从变电站到用户，采用低压传输。高压传输采用三相三线制，低压传输采用三相四线制。目前，我国远距离交流输电的电压等级主要有 110 kV、220 kV、500 kV 和 750 kV，1 000 kV 特高压输电线路正在试验中，世界上最高的输电电压是 1 500 kV。

电力系统的升压、输送、降压、配电过程示意如图 1-5 所示。

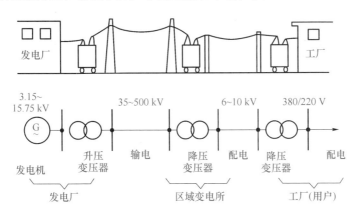

图 1-5　电力系统的升压、输送、降压、配电过程示意图

3）认识电工

电工（Electrician）是指安装、保养、操作或修理电气设备的工人或者保持电气装置（如电动机、开关或配电盘）正常运行的维修工人（Wireman）。

电工属于高危工种，在我国，对电工的监管非常严格，监管部门比较多，主要表现在电工证书的鉴别上。所有从事电工作业人员必须取得相应的资格证书，如图 1-6 所示。

(a)　　　　　　　　　　　(b)　　　　　　　　　　　(c)

图 1-6　电工操作证、电工登记证与电工进网作业许可证

(a) 电工操作证；(b) 电工登记证；(c) 电工进网作业许可证

（1）职业资格证书。

职业资格证书是表明劳动者具有从事某一职业所必备的学识和技能的证明。它是劳动者求职、任职、开业的资格凭证，是用人单位招聘、录用劳动者的主要依据；也是境外就业、对外劳务合作人员办理技能水平公证的有效证件。

国家职业资格等级分为初级（五级）、中级（四级）、高级（三级）、技师（二级）、高级技师（一级）共 5 个等级。

（2）特种作业操作证。

2010 年 7 月 1 日起施行的《特种作业人员安全技术培训考核管理规定》规定，特种作业是指容易发生事故，对操作者本人、他人的安全健康及设备、设施的安全可能造成重大危害的作业。特种作业人员必须经专门的安全技术培训并考核合格，取得《中华人民共和国特种作业操作证》（以下简称"特种作业操作证"）后，方可上岗作业。特种作业操作证有效期为 6 年，在全国范围内有效。特种作业操作证每 3 年复审 1 次。

特种作业目录规定：电工作业指对电气设备进行运行、维护、安装、检修、改造、施工、调试等作业（不含电力系统进网作业）。高压电工作业指对 1 kV 及以上的高压电气设备进行运行、维护、安装、检修、改造、施工、调试、试验及绝缘工、器具进行试验的作业；低压电工作业指对 1 kV 以下的低压电气设备进行安装、调试、运行操作、维护、检修、改造施工和试验的作业；防爆电气作业指对各种防爆电气设备进行安装、检修、维护的作业。

（3）进网作业许可证。

2006 年 3 月 1 日起施行的《电工进网作业许可证管理办法》（电监会 15 号令）规定，进网作业电工是在用户的受电装置或者送电装置上，从事电气安装、试验、检修、运行等作业的人员。电工进网作业许可证是电工具有进网作业资格的有效证件。进网作业电工应当按照本办法的规定取得电工进网作业许可证并注册。未取得电工进网作业许可证或者电工进网作业许可证未注册的人员，不得进网作业。

电工进网作业许可证分为低压、高压和特种 3 个类别。

2. 认识电工实训室

1）实训室供电

供电（Power Supply）是指将电能通过输配电装置安全、可靠、连续、合格地输送给广大电力客户，满足广大客户经济建设和生活用电的需要。

电工实训室的供电如图 1 - 7 所示，学校的电源引入电工实训室的配电箱中，经过教师控制台分配到各个学生的实训台，为学生实训提供各种所需电源。

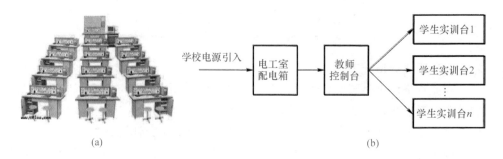

图 1 - 7　实训室布置图和供电系统框图

（a）电工实训室布置图；（b）电工实训室供电系统框图

学生实训台常见供电的形式有三相四线制、三相五线制两种，如图 1 - 8 所示。

图 1－8　实训室供电形式

三相四线制是指在低压配电网中，输电线路中用 A、B、C 这 3 条线路分别代表三相电源 3 条相线，另一条中性线 N（零线）连接在三相电源中性点用于连接负载的零线，如图 1－9（a）所示。

三相五线制是指在三相四线制的基础上增加了 PE 线（保护地线），PE 线是专门为接到如设备外壳等保证用电安全所设的。PE 线在供电变压器侧与 N 线接到一起，但进入用户侧后绝不能当作零线使用；否则，发生混乱后就与三相四线制无异了，如图 1－9（b）所示。

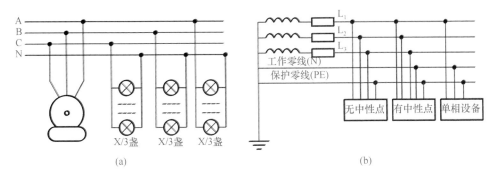

图 1－9　三相四线制与三相五线制

（a）三相四线制；（b）三相五线制

2）实训室配电电器

实训室电源通过各种配电电器分配到各实训台，供同学们实验和实训使用。

（1）电源配电箱（见图 1－10）。

配电箱的用途：合理地分配电能，方便对电路的开合操作。有较高的安全防护等级，能直观地显示电路的导通状态。便于管理，当发生电路故障时有利于检修。

注意：配电箱外壳上的"⚡"符号提示大家有电危险，要注意用电安全。学生

图 1－10　实训室电源配电箱

不能随意打开配电箱的门，只能由实训指导教师来控制。

（2）断路器（Circuit-breaker）。

断路器是指能够关合、承载和开断正常回路条件下的电流，并能关合、在规定的时间内承载和开断异常回路条件（包括短路条件）下的电流的开关装置，实训室常用断路器如图1-11所示。

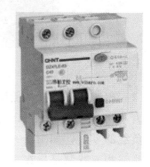

图1-11　实训室常用断路器

（3）熔断器（Fuse）。

熔断器是指当电流超过规定值时，以其本身产生的热量使熔体熔断，断开电路的一种电器。熔断器广泛应用于高、低压配电系统和控制系统以及用电设备中，作为短路和过电流的保护器，是应用最普遍的保护器件之一，实训室常用熔断器如图1-12所示。

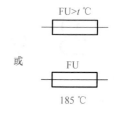

图1-12　实训室常用熔断器

3）实训室的电源

图1-13所示的实训室各工作台上均配有交流电源和直流电源。

电源（Electric Source 或 Power Pack）是提供电能的装置。电工实训室是为同学们学好电工技术基础与技能的场所，上面提供了多种规格的交流电源和直流电源。

4）电工实训室安全操作规程

（1）实验实训前必须做好准备工作，按规定的时间进入实验实训室，到达指定的工位，未经同意不得私自调换。

（2）不得穿拖鞋进入实验实训室，不得携带食物进入实验实训室，不得让无

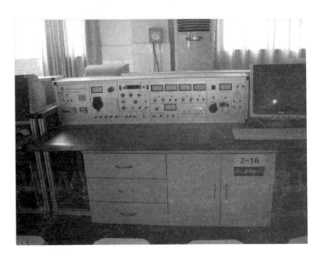

图 1-13 实训台上的电源

关人员进入实验实训室，不得在室内喧哗、打闹、随意走动，不得乱摸乱动有关电气设备。

（3）任何电气设备内部未经验明无电时，一律视为有电，不准用手触及，任何接、拆线都必须切断电源后方可进行。

（4）实训前必须检查工具、测量仪表和防护用具是否完好，如发现不安全情况，应立即报告教师，以便及时采取措施；电气设备安装检修后，须经检验合格方可使用。

（5）实践操作时，思想要高度集中，操作内容必须符合教学内容，不准做任何与实验实训无关的事。

（6）要爱护实验实训工具、仪器仪表、电气设备和公共财物。

3. 触电与急救

1）触电的危害

触电是指因人体接触或靠近带电体而导致一定量的电流通过人体，使人体组织损伤并产生功能障碍甚至死亡的现象。按照人体受伤程度不同，触电可分为电击和电伤两种类型。

电击是指电流通过人体细胞、骨骼、内脏器官、神经系统等造成的伤害。

电伤一般是指由于电流的热效应、化学效应和机械效应对人体外部造成的局部伤害，如电弧伤、电灼伤等。

电流对人体伤害的严重程度一般与通过人体电流的大小、时间、部位、频率和触电者的身体状况有关。一般来说，通过人体的电流达到 50 mA 以上时，在很短的时间内就会危及生命；频率在 25 ~ 300 Hz 的交流电对人体的伤害较严重，所以工频电流的危害要大于直流电流；人体触电的时间越长，对人体的伤害就越大；从左手到右脚的触电路径最危险，因为电流直接流过心脏；人体的电阻一般情况下为 1 000 Ω 至 2 000 Ω，人体电阻越低，触电电流就越大，对人体的伤害也就越大。

2）触电的形式

人体触电的形式主要有单相触电、两相触电、跨步电压触电和接触电压触电等，如表 1-1 所示。

表 1-1　人体常见的触电形式

触电形式	含义及描述	图　示
单相触电	单相触电是指人体的一部分触及一根相线，或者接触到漏电的电气设备的外壳，而另一部分触及大地（或中性线）时，电流从相线经人体流到大地（或中性线）形成回路，此时人体承受的电压为相电压（220 V）。 单相触电常见于家庭用电，因为家用电器使用的都是单相交流电	 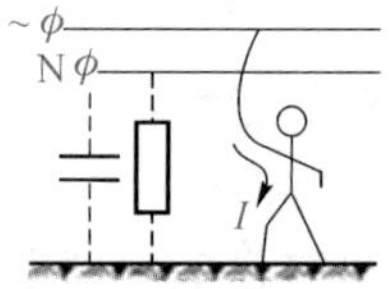 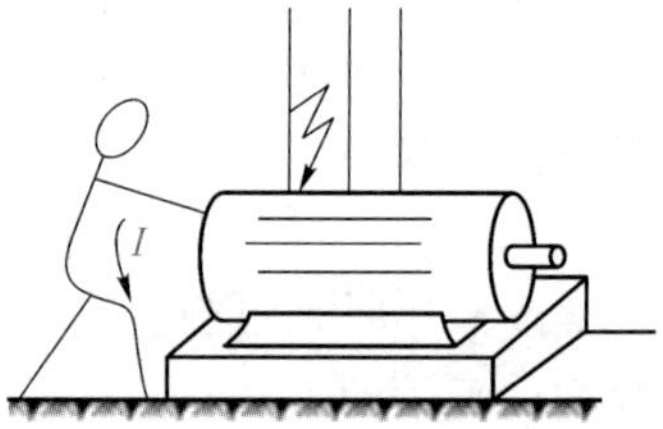
两相触电	两相触电是指人的两个部位同时触及两根不同相的带电相线，电流流经人体形成回路，称之为两相触电。此时，加在人体上的电压是线电压 380 V。 两相触电的后果比单相触电更为严重，常见于电工电杆上带电作业时发生的触电事故	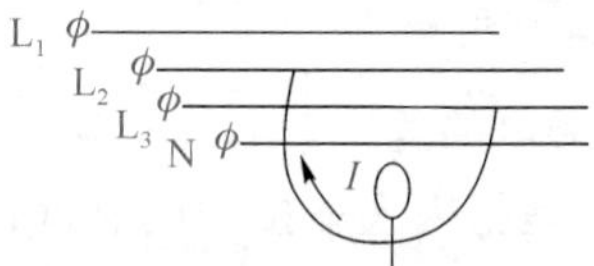 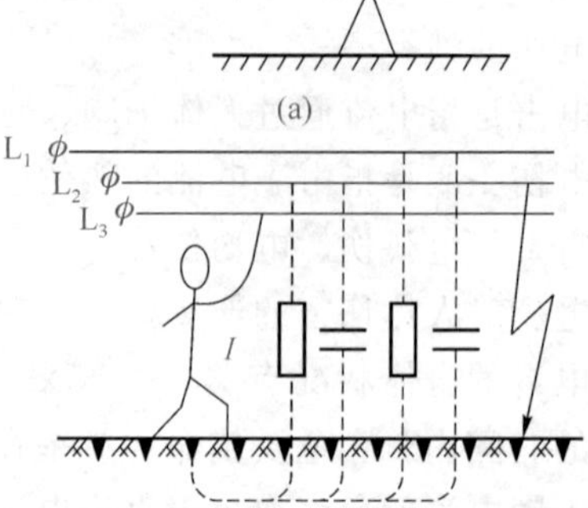

续表

触电形式	含义及描述	图　示
跨步电压触电	当架空电力线路的一根带电导线断落在地上时，电流就会经过落地点流入地中，并向周围扩散。导线的落地点电位最高，离落地点越远处，电位越低，离落地点 20 m 以外，地面的电位近似为零。当人走近落地点附近时，两脚踩在不同的电位上，两脚之间就会有电位差，此电位差称为跨步电压。当人体受到跨步电压的作用时，电流就会从一脚经胯部流到另一脚下形成回路，造成跨步触电	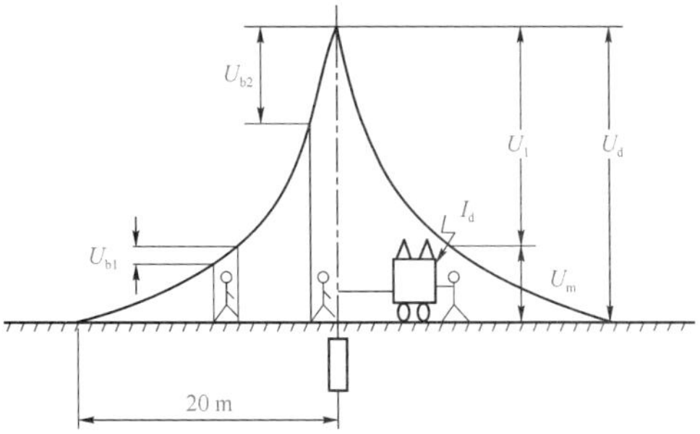
接触电压触电	人站在发生接地短路故障设备的旁边，触及漏电设备的外壳时，因其手、脚之间有电位差（接触压），当这个电压达到一定值时而引起的触电现象	

3）触电急救知识

发现有人触电后，必须立即急救，急救分 3 个阶段进行，即使触电者脱离电源、现场急救、送医院治疗。在触电急救时应当遵循"迅速、就地、准确、坚持"八字方针。

（1）迅速使触电者脱离电源。

电流对人体的作用时间越长，对人的生命威胁就越大，故触电急救的第一步就是必须使触电者迅速脱离电源。

① 可就近关闭电源或用有绝缘柄的钳子将输电线切断。

② 用木棒、竹竿、塑料棒等绝缘物作工具挑开带电导线。

③ 用木板、干橡胶等绝缘物插入触电者身下挑开电源。

（2）及时就地开展现场急救。

国外一些统计资料指出，触电后 1 min 开始救治者，90％有良好效果；触电后 12 min 开始救治者，救活的可能性很小。这说明抢救时间是个重要因素。因此，争分夺秒、及时抢救是至关重要的。当使触电者脱离电源后，应马上通知医生，并根据具体情况同时展开现场急救。

（3）准确运用正确方法进行急救。

触电者在脱离电源后，一般有下列几种情形，施救者必须正确判断，根据触电者受到伤害的情况选择正确的施救方法。

① 触电者神志清醒，但有些心慌、四肢发麻、全身无力或触电者在触电过程中曾一度昏迷，但已清醒过来。应使触电者安静休息、不要走动、严密观察，必要时送医院诊治。

② 触电者已经失去知觉，但心脏还在跳动，还有呼吸，应使触电者在空气清新的地方舒适、安静地平躺，解开妨碍呼吸的衣扣、腰带。如果天气寒冷要注意保持体温，并迅速请医生到现场诊治。

③ 如果触电者失去知觉，呼吸停止，但心脏还在跳动，应立即进行口对口（鼻）人工呼吸，并及时请医生到现场。

④ 如果触电者呼吸和心脏跳动完全停止，应立即进行口对口（鼻）人工呼吸和胸外心脏按压急救，并迅速请医生到现场。应当注意，急救要尽快进行，即使送往医院的途中也应持续进行。

胸外心脏按压术：在触电者胸骨中下 1/3 处，救助者双手手指交叉、掌根重叠、垂直向下、平稳有节奏地用力按压，按压频率为 100 次/min。

口对口人工呼吸：捏住触电者鼻子，往嘴里吹两次气（以后吹气 1 次/5 s），待触电者胸部胀起后松开，让其自然呼出。

（4）坚持不懈对触电者进行施救。

触电失去知觉后进行抢救，一般需要很长时间，必须耐心持续地进行。只有当触电者面色好转，口唇潮红，瞳孔缩小，心跳和呼吸逐步恢复正常时，才可暂停数秒进行观察。如果触电者还不能维持正常心跳和呼吸，则必须继续进行抢救。触电急救应尽可能就地进行，只有条件不允许时，才可将触电者抬到可靠地方进行急救。在运送医院途中，抢救工作也不能停止，直到医生宣布可以停止为止。施救方法如图 1-14 所示。

4. 安全用电措施

1）安全用电原则

（1）不靠近高压带电体（室外高压线、变压器旁），不接触低压带电体。

（2）不用湿手扳开关、插入或拔出插头。

（3）安装、检修电器应穿绝缘鞋，站在绝缘体上，且要切断电源。

（4）禁止用铜丝代替保险丝，禁止用橡皮胶代替电工绝缘胶布。

（5）在电路中安装漏电保护器，并定期检验其灵敏度。

（6）雷雨时，不使用收音机、录像机、电视机，且拔出电源插头，拔出电视机天线插头。

（7）严禁私拉乱接电线，禁止学生在寝室使用电炉、"热得快"等电器。

（8）不在架有电缆、电线的下面放风筝和进行球类活动。

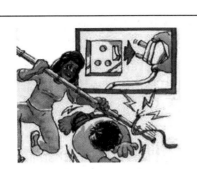

(1) 采取措施让触电者脱离电源	(2) 将被救者移到空气清新的地方

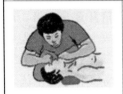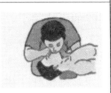

| (3) 解开其衣领，清除口、鼻内的污物，颈下垫物，让其头后仰，张开口 | (4) 救扶人员深吸气，对准被救者的口，用手捏住其鼻孔吹气 | (5) 吹气停止后，松开捏鼻子的手，嘴也离开。再深吸气，重复上述步骤 | (6) 每分钟吹气次数和平射呼吸频率相似。耐心、持续地实施抢救，直到被救者最终能自己自行呼吸为止 |

图 1-14　触电急救方法

常见安全用电标识如图 1-15 所示。

图 1-15　常见安全用电标识

2）安全用电技术措施

安全用电技术措施包括两个方面的内容：一是安全用电技术上所采取的措施；二是为了保证安全用电和供电的可靠性组织的各种措施，包括各种制度的建立、组织管理等内容。

（1）保护接地。

保护接地是指将电气设备不带电的金属外壳与接地之间做可靠的电气连接。它的作用是当电气设备的金属外壳带电时，如果人体触及此处外壳时，由于人体的电阻远大于接地体电阻，则大部分电流经接地体流入大地，而流经人体的电流很小。这时只要适当控制接地电阻（一般不大于 4 Ω），就可以减少触电事故发生。但是在 TT 供电系统中，这种保护方式的设备外壳电压对人体来说还是相当危险的。因此，这种保护方式只适用于 TT 供电系统的施工现场，按规定保护接地的电阻不大于 4 Ω。

（2）保护接零。

在电源中性点直接接地的低压电力系统中，将用电设备的金属外壳与供电系统中的零线或专用零线直接做电气连接，称为保护接零。它的作用是当电气设备的金属外壳带电时，短路电流经零线而成闭合电路，使其变成单相短路故障，因零线的阻抗很小，所以短路电流很大，一般大于额定电源的几倍甚至几十倍，这样大的单相短路电流将使保护装置迅速而准确地动作，切断事故电源，保证人身安全。其供电系统为接零保护系统，即 TN 系统。根据保护零线是否与工作零线分开，可将 TN 供电系统分为 TN−C、TN−S 和 TN−C−S 等 3 种供电系统。

（3）设置漏电保护器。

① 施工现场的总配电箱和开关箱应至少设置两级漏电保护器，而且两级漏电保护器的额定漏电动作电流和额定漏电动作时间应做合理配合，使之具有分级保护功能。

② 开关箱中必须设置漏电保护器，施工现场所有用电设备，除作保护接零外，必须在设备负荷线的首端处安装漏电保护器。

③ 漏电保护器应装设在配电箱电源隔离开关的负荷侧和开关箱电源隔离开关的负荷侧。

④ 漏电保护器的选择应符合国标《漏电电流动作保护器（剩余电流保护器）》（GB 6829−1986）的要求，开关箱内的漏电保护器其额定漏电动作电流不大于 300 mA，额定漏电动作时间应小于 0.1 s。使用潮湿和有腐蚀介质场所的漏电保护器应采用防溅型产品，其额定漏电动作电流应不大于 15 mA，额定漏电动作时间应小于 0.1 s。

（4）安全电压。

① 安全电压指不接任何防护设备，接触时对人体各部位不造成任何损害的电压。我国国家标准《安全电压》（GB 3805−1983）中规定，安全电压值的等级有 42 V、36 V、24 V、12 V、6 V 等 5 种。同时还规定，当电气设备采用了超过 24 V 电压时，必须采取直接接触带电体的保护措施。

② 对下列特殊场所应使用安全电压照明器：

a. 隧道、人工工程，有高温、导电灰尘或灯具离地面高度低于 2.4 m 等场所的照明，电源电压应不大于 36 V。

b. 在潮湿和易触及带电体场所的照明电源电压不得大于 24 V。

c. 在特别潮湿的场所，导电良好的地面、锅炉或金属容器内工作的照明电

源电压不得大于 12 V。

（5）电气设备的安装。

① 配电箱内的电器应首先安装在金属或非木质的绝缘电器安装板上，然后整体紧固在配电箱体内，金属与配电箱体应作电气连接。

② 配电箱、开关箱内的各种电器应按规定的位置紧固在安装板上，不得歪斜和松动。并且电气设备之间、设备与板四周的距离应符合有关工艺标准的要求。

③ 配电箱、开关箱内的工作零线应通过接线端子板连接，并应与保护零线接线端子板分断。

④ 配电箱、开关箱内的连接线应采用绝缘导线，导线的型号及截面应严格执行临时用电图纸的标示截面。各种仪表之间的连接线应使用截面不小于 2.5 mm² 的绝缘铜芯导线，导线的接头不得松动，不得有外露的带电部分。

⑤ 各种箱体的金属构架，金属箱体，金属电器安装板以及箱内电器的正常不带电的金属底座、外壳等必须作保护接零，保护零线应经过接线端子板连接。

⑥ 配电箱后面的排线需排列整齐，绑扎成捆，并用卡钉固定在盘板上，盘后引出及引入的导线应留出适当余度，以便检修。

⑦ 导线剥削处不应使线芯过长，导线压头应牢固可靠，多股导线不应盘圈压接，加装压线端子（有压线孔者除外）。如必须穿孔用顶丝压接时，多股线应涮锡后再压接，不得减少导线股数。

5. 防雷技术

1）雷击

雷击是一种大气中发生的剧烈放电现象，通常在积雨云情况下出现。积雨云在形成过程中，某些云团带负电荷。它们对大地的静电感应，使地面或建筑物表面产生异性电荷，当电荷积聚到一定程度时，不同电荷云团之间，或云与大地之间的电场强度可以击穿空气，开始游离放电，由于异性电荷的剧烈中和，会出现很大的雷击电流并随着发出强烈的闪电和巨响，这就形成雷击，或称为闪电。闪电按其发生的位置可分为内闪电、云际闪电和云地闪电，其中云地闪电又称为地闪，对人类活动和生命安全有较大威胁。放电时会产生大量的热量，使周围空气急剧膨胀，造成隆隆雷声。在电闪雷鸣的时候，由于雷击释放的能量巨大，再加上强烈的冲击波、剧变的静电场和强烈的电磁辐射，常常造成人畜伤亡，建筑物损毁，引发火灾以及造成电力、通信和计算机系统的瘫痪事故，如图 1－16 所示。

雷击伤人大致有 4 种类型：直接雷击、接触电压、旁侧闪击和跨步电压。雷击损害人体的生理效应大体有 3 种。

（1）强大的闪电脉冲电流通过心脏时，受害者会出现血管痉挛、心搏停止，严重时会出现心室纤维性颤动，使心脏供血功能出现障碍或心脏停止跳动。

图 1-16　雷击现象

（2）当雷击电流伤害大脑神经中枢时，使受害者停止呼吸。

（3）当强大的电流通过肌体时会造成点灼伤或肌肉点性麻痹，严重者导致死亡。

2）预防雷击的基本原则

遇到雷雨天气时，千万不要惊慌失措。一般来说，应掌握以下两条原则：

（1）要远离可能遭雷击的物体和场所。

（2）在室外时设法使直击物以及随身携带的物品不要成为雷击的"爱物"。

3）预防雷击事故的措施

（1）防直击雷。

防直击雷的主要措施是在建筑物上安装避雷针、避雷网、避雷带等。在高压输电线路上方安装避雷线。一套完整的防雷装置包括接闪器、引下线和接地装置。上述的针、线、网、带实际上都只是接闪器。接闪器是利用其高出被保护物的突出地位，把雷击引向自身，然后通过引下线和接地装置把雷击流泄入大地，以此保护被保护物免遭雷击。

（2）防雷击感应。

为了防止静电感应产生的高压，应将建筑物的金属设备、金属管道结构钢筋等予以接地。另外，建筑物屋顶也应妥善接地；对于钢筋混凝土屋顶，应将屋面钢筋网络连成通路，并予以接地；对于非金属屋顶，应在屋顶加装金属网络，并予以接地。为防止电磁感应，平行管道相距不到 0.1 m 时，每 20～30 m 须用金属线跨接，交叉管道相距不到 0.1 m 时，也应用金属线跨接。管道与金属设备之间距离小于 0.1 m 时，也应用金属线跨接。其接地装置也可以与其他装置共用。

（3）防雷击侵入波。

为了防止雷击侵入波沿低电压线路进入室内，低压线路最好采用地下电缆供电，并将电缆的金属外皮接地。采用架空线供电时，在进户外装设一组低压阀型避雷器或 2～3 mm 的保护间隙，并与绝缘子铁脚一起接地。接地装置可以与电气设备的接地装置并用，接地电阻不得大于 5～30 Ω。阀型避雷器的间隙保持绝缘状态，不影响系统的运行。当因雷击，有高压冲击波沿线路袭来时，避雷器间

隙击穿而接地，从而强行切断冲击波，这时进入被保护物的电压仅是雷击流通过避雷器及其引线和接地装置产生的残压。雷击流通过以后避雷器间隙又恢复绝缘状态，以便系统正常运行。

（4）新型防雷装置。

雷击是一种严重的自然灾害，目前世界各国专家都在研究消除雷击的新技术，以提高防雷的效率。经过多年努力，发明了一些新型装置，如电离防雷装置、放射性同位素避雷针、高脉冲避雷针、激光防雷装置以及半导体少长针消雷器（SLE）等，这些新型的防雷装置效果如何还要靠时间来验证，除了个人保护外，还应利用社会防灾保险，以减少个人和单位的经济损失。

1.3　工作单

操作员：_____　　"7S"管理员：_____　　记分员：_____

实训项目	安全用电的技术措施实训与现场急救触电者实训			
实训时间		实训地点	实训课时	3
使用设备	电源、验电笔、导线、常用工具、220 V用电器和各种可用和不可用的急救材料			
制订实训计划				
实施	试电笔的使用	操作步骤	（1）检查验电笔是否完好； （2）在确认有电设备上检查验电笔的好坏； （3）在提供电源上检测是否带电	
	保护接地	操作步骤	（1）检查工具是否完好； （2）安装用电器和保护接地； （3）检查保护接地是否规范	
	使触电者脱离电源	操作步骤	（1）让一同学扮演触电者； （2）让其他同学扮演急救人员，利用现场材料进行急救（教师观察急救人员选用的材料是否符合急救要求和操作是否规范）	
评价	项目评定		根据项目器材准备、实施步骤、操作规范3个方面评定成绩	
	学生自评		根据评分表打分	
	学生互评		互相交流，取长补短	
	教师评价		综合分析，指出好的方面和不足的方面	

项目评分表

本项目合计总分：_____

1. 功能考核标准（90分）

工位号_____   成绩_____

项目	评分项目	分值		评分标准	得分
器材准备	实训所需器材	30		电源、验电笔、导线、常用工具、220 V用电器和各种可用和不可用的急救材料全部准备到位得30分，少准备一件器材扣3分	
实施过程	试电笔的使用	60	20	能正确且标准地按步骤完成每步动作	
	保护接地		20	能正确且标准地按步骤完成每步动作	
	使触电者脱离电源		20	能正确且标准地按步骤完成每步动作	

2. 安全操作评分表（10分）

工位号_____   成绩_____

项目	评分点	配分	评分标准	得分
职业与安全知识	完成工作任务的所有操作是否符合安全操作规程	5	符合要求得5分，基本符合要求得3分，一般得1分	
	工具摆放、包装物品等的处理，是否符合职业岗位的要求	3	符合要求得3分，有两处错得1分，两处以上错得0分	
	遵守现场纪律，爱惜现场器材，保持现场整洁	2	符合要求得2分，未做到扣2分	
项目	加分项目及说明			加分
奖励	整个操作过程中对现场进行"7S"现场管理和工具器材摆放规范到位的加10分；用时最短的3个工位（时间由短到长排列）分别加3分、2分、1分			
项目	扣分项目及说明			扣分
违规	违反操作规程使自身或他人受到伤害的扣10分；不符合职业规范的行为，视情节扣5～10分；完成项目用时最长（时间由长到短排列）的3个工位分别扣3分、2分、1分			

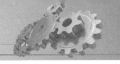

1.4　课后练习

1. 填空题

（1）日常生活中使用的电能，主要来自其他形式能量的转换，包括_____、_____、_____、_____、_____及_____。

（2）我国规定，一般安全电压为_____V，在狭窄和特别潮湿的空间其安全电压为_____V。

（3）电对人体的伤害有_____和_____，_____易致人死亡。

2. 选择题

（1）大小和方向都随时间按正弦规律变化的电压或电流叫（　　）。

A. 直流电　　　　　　　B. 交流电　　　　　　　C. 正弦交流电

（2）对人体危害最大的电流的频率是（　　）。

A. 25～300 Hz　　　　　B. 500 Hz 以上　　　　　C. 1 000 Hz 以上

（3）致人死亡的电流的最小值是（　　）。

A. 1 A　　　　　　　　B. 40 mA　　　　　　　　C. 40 μA

（4）电流（　　）通过人体，最易致人死亡。

A. 从左手到右脚　　　　B. 从右手到左脚　　　　C. 从左手到右手

（5）将用电器不带电的金属外壳接到三相四线制的中线上叫（　　）。

A. 保护接地　　　　　　B. 保护接零　　　　　　C. 漏电保护

（6）张某在使用洗衣机时，感到手麻。这是（　　）触电。

A. 单相　　　　　　　　B. 跨步电压　　　　　　C. 接触电压

（7）李某在进行房屋装修时，需要安装照明开关。开关应安装在（　　）。

A. 火线上　　　　　　　B. 零线上　　　　　　　C. 中线上

（8）王某是某工厂的电工，在进行某车间的电路维护时，将配电房的电源开关断开后就去工作了。他还应该（　　）才安全。

A. 在开关处悬挂警示牌　　B. 安装保护接地　　　C. 安装保护接零

（9）朱某在生产车间发现工友触电，他应采取的正确措施是（　　）。

A. 找电工断电　　　　　　B. 用干燥物体使工友脱离电源

C. 拨打 120 电话

项目 2 测量简单直流电路参数

电是一种自然现象，是一种能量，既看不见也摸不着。这就要求在掌握了电的基本规律后才能利用"电"为人类服务。本项目从电路的基本概念入手，逐步学习直流电路的基本知识和基本定律，并掌握电路的基本分析方法和基本测量方法。

本项目主要介绍如何运用仪器仪表测量简单直流电路的参数和运用电学公式计算电路中各种电工量。

2.1 任务书

2.1.1 任务单

项目 2	测量简单直流电路参数	工作任务	(1) 解剖手电筒 (2) 测量电路中的电压和电流	
学习内容	(1) 解剖手电筒； (2) 测量电路中的电压和电流； (3) 学习欧姆定律； (4) 用万用表测量直流电流和电压		教学时间/学时	6
学习目标	(1) 理解电路的组成概念与状态，认识基本电路图与电路图常用符号，能够识读简单照明电路图； (2) 掌握电压与电流的概念； (3) 能够搭建直流照明电路，正确运用电压表、电流表测量电路参数； (4) 能够运用部分电路欧姆定律进行相关电路计算； (5) 能够运用全电路欧姆定律进行相关计算并解释相关现象			
思考题	(1) 手电筒由哪些部件组成？ (2) 在闭合电路中，负载电阻增大，则端电压会怎么变化？ (3) 如何用万用表测量电路中的电压？			

2.1.2　资讯途径

序号	资讯类型
1	上网查询
2	安全用电常识
3	电工安全操作规程
4	观摩现场急救演练
5	查阅相关电工材料手册

2.2　学习指导

2.2.1　训练目的

（1）通过解剖手电筒电路，认识电路的各部分组成及其作用。

（2）认识电压、电流、电阻等电工量，能够利用直流电压表和直流电流表测量简单直流电路中的电压和电流。

（3）认识部分电路欧姆定律和全电路欧姆定律，能运用欧姆定律进行简单计算。

（4）认识指针式万用表的基本结构，能正确使用万用表测量简单直流电路的电流和电压。

2.2.2　训练重点及难点

（1）解剖手电筒。

（2）测量电路中的电压和电流。

2.2.3　测量简单直流电路参数的相关理论知识

1. 认识手电筒电路

（1）电路的组成。

电路（Electrical Circuit）是指电流流过的回路，又称导电回路。图2-1所示的手电筒实物电路图，一个小灯泡通过电线和开关连接到两节干电池上，当开关闭合后，小灯泡就会发光。手电筒电路是最简单的电路，是由电源（干电池或蓄电池）、负载（小灯珠）、连接导线和辅助设备（开关）四部分组成，相关说明如表 2-1 所示。

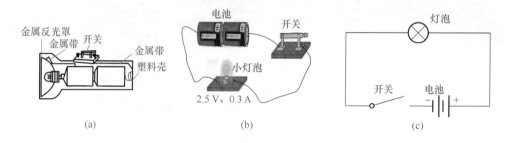

图 2-1　手电筒及其电路

(a) 手电筒的实物解剖图；(b) 手电筒电路模型；(c) 手电筒电路

表 2-1　电路组成及各部分说明

电路组成	相应说明
电源（Electric Source）	电源是能够提供电能的装置，电源的功能是把非电能转变成电能。生产生活中所用的电源是把其他形式的能转换为电能。手电筒电路中的电池就是手电筒电路的电源
导线（Traverse）	导线在电路中用来疏导电流或者是导热，一般由铜或铝制成，也有用银线所制
负载（Load）	负载是指连接在电路中消耗电能的电子元件，也称为用电设备或用电器。它们是把电能转换成其他形式的能量而为人类服务的装置，如电灯泡、节能灯、电动机、电炉等
辅助设备	辅助设备是用来实现对电路的控制、分配、保护及测量等作用的。辅助设备包括各种开关、熔断器、电流表、电压表及测量仪表等

（2）电路的作用。

① 电路能实现电能的传输、分配与转换，如电力系统将发电厂产生的电能通过输电电路和配电电路分配到各用电户。

② 电路能实现电信号的传递、存储和处理。功放电路将话筒接收到的声音信号放大后通过扬声器传递出去。

图 2-2 所示为电路作用示意图。

（3）电路的 3 种工作状态。

组成电路的四个部分需要按相关规律连接才能正常工作；否则用电器不能正常工作，甚至会出现更严重的后果。电路通常有 3 种工作状态，如表 2-2 所示。

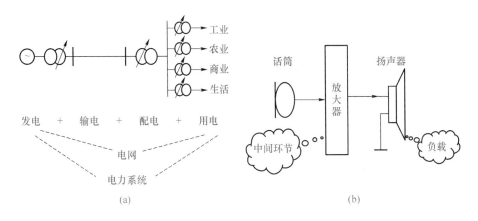

图 2-2　电路的作用示意图

（a）电力系统组成示意图；（b）扩音机电路示意图

表 2-2　电路的 3 种工作状态

电路状态	定　　义	图　　例
通路	能构成电流的流通，能形成闭合回路的电路（也就是电能能从电源正极流出，再从负极流进），称之为通路	
断路（开路）	当电路没有闭合开关，或者导线没有连接好，或用电器烧坏或没安装好时，即整个电路在某处断开。处在这种状态的电路叫做断路	
短路	电流不通过电器直接接通电源叫做短路。此时，电源提供的电流比正常通路时的电流大许多倍，严重时会损坏电源、烧毁输电线路甚至引起火灾。因此，电源严禁短路	

（4）电路图与电路图符号。

电路图（Circuit Diagram）：用导线将电源、开关（电键）、用电器、电流表、电压表等电路元器件连接起来组成电路，再按照统一的符号将它们表示出来，这样绘制出的图形就叫做电路图。电路图是人们为研究、工程规划的需要服务的。几种常用的电路元件及其符号如图 2-3 所示，常见原理图符号如表 2-3 所示。

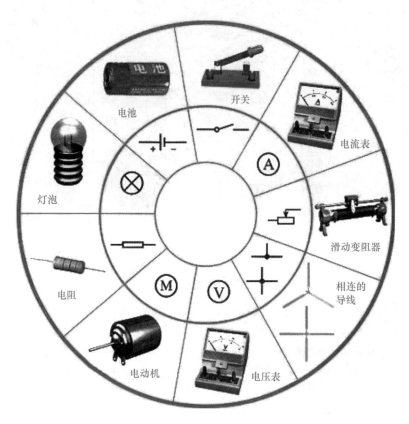

图 2-3 几种常用的电路元件及其符号

表 2-3 常见原理图符号

器件名称	图形符号	器件名称	图形符号	器件名称	图形符号
固定电阻		接地		白炽灯	
电位器		接机壳	或	直流电源	
光敏电阻		二极管		开关	
一般电容器		PNP 三极管		熔断器	
极性电容器		电流表		T 形连接	
电感器		电压表		双重连接	

2. 测量电路中的电流和电压

1）电流

（1）电流（Electric Current）。

路上的行人、车辆按照一定的方向运动，形成"人流"和"车流"，山上的水定向移动，形成水流，如图 2-4 所示。与此类似，导体中的电荷向一定方向移动，形成电流。

(a)

(b)

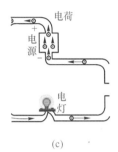
(c)

图 2-4　车流、水流和电流

(a) 车流；(b) 水流；(c) 电流

电流强度：把通过导体横截面的电荷量 q 跟通过这些电荷量所用的时间 t 的比值，叫做电流强度（也称电流），它表征了电流这一物理现象的强弱，用 I 表示，则有

$$I = \frac{q}{t}$$

式中　I——电流，A；

　　　q——通过导体横截面的电荷量，C；

　　　t——电荷量通过导体横截面所需的时间，s。

在国际单位制中，电流的单位是安［培］，简称安，用符号 A 表示。如果在 1 s 内通过导体横截面的电荷量是 1 C，导体中的电流就是 1 A。电流的常用单位还有 mA（毫安）、μA（微安），它们之间的换算关系为

$$1\,A = 10^3\,mA = 10^6\,\mu A$$

表 2-4 是几种常用电器正常工作时的电流大小。

表 2-4　常用电器正常工作时的电流

电器名称	工作电流
电子手表	约 2 μA
22 英寸[①]液晶电视机	约 300 mA
微型计算机	约 1 000 mA
1.5P 空调机	1～5 A
注：①1 英寸＝2.54 厘米。	

（2）电流的方向。

习惯上规定：正电荷定向移动的方向为电流的方向。在金属导体中，电流的方向与自由电子定向移动的方向相反；在电解质溶液中，电流的方向与正离子定向移动的方向相同，与负离子定向移动的方向相反。在电池内部，电流从电池的负极流到正极，在电池外部，电流从电池正极流经用电器再流回电池负极。

（3）电流产生的条件。

① 电路中保持有恒定的电动势（电力场）。

② 电路连接好，闭合开关，处处相通的电路叫做通路（也称为闭合电路）。

（4）电流的类型。

大小和方向都不随时间变化的电流或电压称直流电，如图 2-5（a）所示，图形符号是"一"；大小随时间变化，但方向不随时间变化的电流或电压称脉动直流电，如图 2-5（b）所示。直流电或脉动直流电的文字符号是"DC"。

大小和方向都随时间做周期性变化，且一个周期内的平均值为零（不含直流分量），这样的电压或电流称为交流电，如图 2-5（c）所示，交流电的图形符号是"～"，交流电的文字符号是"AC"。

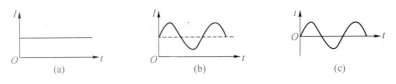

图 2-5 直流电、脉动直流电和交流电

（a）直流电流；（b）脉动直流电流；（c）交流电流

2）电势

俗话说"水往低处流"，水能从高山奔向大海，是因为有着高水位和低水位之间的差别，因为这个差别而产生了水压，有了水压水才能从高处流向低处。因而，可以通过水位来理解电位。

电势（Electric Potential）即电位，是衡量电荷在电路中某点所具有能量的物理量。在数值上，电路中某点的电位，等于正电荷在该点所具有的能量与电荷所带电荷量的比。电势只有大小，没有方向，是标量，其数值不具有绝对意义，只具有相对意义。

电路中某点电势的高低（大小）通常用符号"V"表示，电位的单位是 V（伏特）。

3）电压

（1）电压（Voltage）的形成。

导体中有电流，是因为在导体两端存在电位的高低差别，导体中的电流是从电源高电位点流向电源低电位点的，这种高低电位的差值叫电位差，也叫电压。换句话说。在电路中，任意两点之间的电位差称为这两点的电压。

通常电压用符号"U"表示。假如 A 点电位为 V_A，B 点电位为 V_B，"U_{AB}"表示 A、B 两点的电压，则

$$U_{AB} = V_A - V_B$$

在国际单位制中，电压的单位是伏〔特〕，简称伏，用字符"V"表示。电压的常用单位还有 kV（千伏）和 mV（毫伏），它们之间的关系为

$$1\ kV = 1\ 000\ V$$
$$1\ V = 1\ 000\ mV$$

常见电源及电压值如表 2-5 所示。

表 2-5　身边常见的电源

名称	图片	电压	名称	图片	电压
干电池		1.5 V	MP3 电池	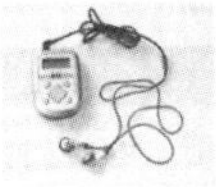	电压约为 3 V
蓄电池组串联		6 V	对人体的安全电压		一般不高于 36 V
照明电路		220 V	产生闪电时的电压		电压为 $10^4 \sim 10^9$ V
电子手表用氧化银电池	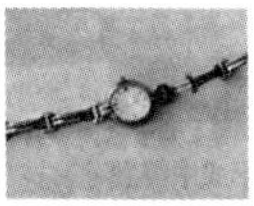	电池的电压是 1.5 V	大型发电机		电压约为 1.5×10^4 V

（2）电压的方向。规定电压的方向由高电位指向低电位，即电位降低的方向。因此，电压常称为电压降。电压方向标示法：用"＋"表示高电位；用"－"表示低电位，如图 2-6 所示。

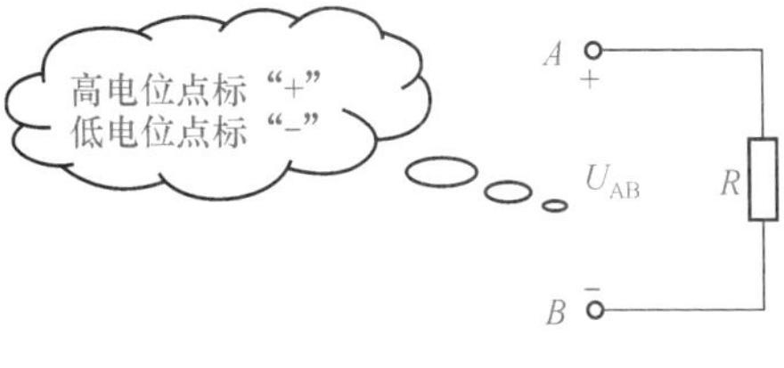

高电位点标"+"
低电位点标"－"

图 2-6　电压方向的表示

4）电阻

电阻（Resistance）是在物理学中用来表示导体对电流阻碍作用的大小。导体的电阻越大，表示导体对电流的阻碍作用越大。不同的导体，电阻值一般不同，电阻是导体本身的一种特性。

导体的电阻通常用字母 R 表示，电阻的单位是欧姆（ohm），简称欧，符号

是 Ω（希腊字母，读作 Omega）。1 Ω 表示如果某段导体两端的电压是 1 V，通过它的电流是 1 A 时，这段导体的电阻就是 1 Ω，即 1 Ω＝1 V/A。比较大的单位有千欧（kΩ）、兆欧（MΩ）（兆＝百万，即 100 万）。它们之间的换算关系为

$$1 \text{ M}\Omega = 1\,000 \text{ k}\Omega$$

$$1 \text{ k}\Omega = 1\,000 \text{ }\Omega$$

更大的单位是 TΩ（太欧）和 GΩ（吉欧）：1 TΩ（太欧）＝10^3 GΩ（吉欧）＝10^6 MΩ（兆欧）

3. 欧姆定律

1）部分电路欧姆定律

（1）部分电路欧姆定律概述。

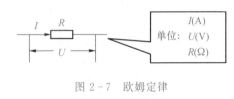

图 2 - 7　欧姆定律

在实验中发现一个规律：导体中的电流与它两端的电压成正比，与它的电阻成反比，这就是部分电路的欧姆定律（Ohm Law）。相关参数如图 2 - 7 所示。

欧姆定律可以表示为：

$$I = \frac{U}{R} \quad \text{或} \quad U = IR$$

式中的比例恒为 1，在应用欧姆定律时，要注意 U、R、I 的单位。

> 想一想：有人根据公式 $R = U/I$ 与公式 $I = U/R$ 在形式上相似，说"电阻 R 与电压成正比，与电流成反比。"你认为这种说法对吗？为什么？

（2）电阻的伏安特性。

如图 2 - 8 所示，电阻元件的伏安特性曲线若是过原点且为直线时，叫做线性电阻。即此电阻元件的电阻值 R 可以认为是不变的常数，直线斜率的倒数表示该电阻元件的电阻值。如果不是直线，则叫做非线性电阻（如二极管），它的伏安特性就不再是过原点的直线。通常，在本教材中所说的电阻都是线性电阻。

图 2 - 8　伏安特性曲线

2）闭合电路欧姆定律

（1）电动势。

电动势（Electro Motive Force，EMF）是反映电源把其他形式的能转换成电能的本领的物理量。在电源内部，非静电力把正电荷从负极板移到正极板时要对电荷做功，这个做功的物理过程是产生电源电动势的本质。电动势使电源两端产生电压。

在电路中，电动势常用 E 表示。单位是 V。电源的电动势在数值上等于电源未接入电路时两极间的电压。

（2）闭合电路的欧姆定律。

图 2-9 所示为最简单的闭合电路。闭合电路由两部分组成：一部分是由电源外部的用电器和导线构成的电路，叫做外电路；另一部分是电源的内部电路，叫做内电路，如发电机的线圈、配电变压器的线圈绕组、电池内的溶液等。

外电路的电阻通常叫做外电阻，用 R 表示；内电路的电阻，通常叫做电源的内电阻（简称内阻），用 r（R_0）表示。而接在电源外电路两端的电压表测得的电压叫做外电压（路端电压），即外电阻上电势的降落。

观察图 2-10，当开关 S 闭合时，电路中就产生了电流，因此外电路两端（也就是负载 R）就有了端电压 $U_外=IR$，内电路中内阻 r 的电压 $U_内=Ir$，电源电动势为

$$E=U_内+U_外=IR+Ir=I(R+r)$$

由此得出，闭合电路欧姆定律数学表达式为

$$I=\frac{U}{R+r}$$

上式表示，闭合电路中的电流与电源电动势成正比，与内外电路中的电阻之和成反比。

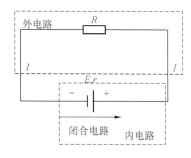

图 2-9　简单闭合回路

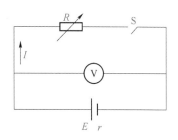

图 2-10　简单闭合回路路端电压

3）电能与电功率

（1）电能的单位。

电能是指在一定的时间内电路元件或设备吸收或发出的电能量，用符号 W 表示，其国际单位制为焦耳（J）。通常电能用千瓦时（kW·h）来表示大小，也叫做度（电），它们的关系是

$$1\ kW=3.6\times10^6\ J$$

电能的计算公式为

$$W=Pt=UIt$$

根据欧姆定律（$I=U/R$）可以进一步推出

$$W=I^2Rt=U^2t/R$$

（2）电功率。

电流在单位时间内做的功叫做电功率。作为表示电流做功快慢的物理量，用 P 表示，一个用电器功率的大小数值上等于它在 1 s 内所消耗的电能。用电器的电功率就是 $P=W/t$（定义式）。电功率等于导体两端电压与通过导体电流的乘积，即

$$P=UI$$

国际单位制中电功率的单位为瓦特（W），简称瓦，符号是 W。

常用的单位还有毫瓦（mW）、千瓦（kW），它们与 W 的换算关系是

$$1\,mW=10^{-3}\,W$$

$$1\,kW=1\,000\,W$$

对于纯电阻电路，计算电功率还可以用公式 $P=I^2R$ 和 $P=U^2/R$，表 2-6 是常见用电器的功率和电能消耗。

表 2-6　常见家用电器的功率与电能消耗

家用电器名称	功率/W	电能消耗/（kW·h）
窗式空调机（一匹）	约 735	每小时 0.735
家用电冰箱	65～130	每日 0.65～1.73
双缸洗衣机	380	最高每小时 0.38
电饭煲	500	每 20 min 0.16
25 英寸电视机	100	每小时 0.1
微波炉	1 000	每小时 1 度电

4. 用万用表测量直流电流和电压

1）认识万用表

万用表（Multimeter）又称为多用表、三用表、繁用表等，如图 2-11 所示，是电力电子等部门不可缺少的测量仪表，一般以测量电压、电流和电阻为主要目的。多用表按显示方式分为指针多用表和数字多用表。它是一种多功能、多量程的测量仪表。一般多用表可测量直流电流、直流电压、交流电流、交流电压、电阻和音频电平等，有的还可以测量交流电流、电容量、电感量及半导体的一些参数（如 β）等。

(a)　　　　　(b)

图 2-11　万用表

（a）指针式万用表；（b）数字式万用表

万用表由表头、测量电路及转换开关等 3 个主要部分组成。

（1）万用表表头。

万用表的主要性能指标基本上取决于表头的性能。它的表头是一只高灵敏度的磁电式直流电流表，它的灵敏度是指表头指针满刻度偏转时流过表头的直流电流值，这个值越小，表头的灵敏度越高。测电压时的内阻越大，其性能就越好。万用表表头如图 2-12 所示。

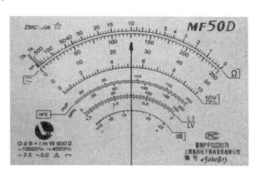

图 2-12　万用表表头

表头上有 4 条刻度线，它们的功能如下：第一条（从上到下）标有 R 或 Ω，指示的是电阻值，转换开关在欧姆挡时即读此条刻度线。第二条标有 ≈ 和 VA，指示的是交、直流电压和直流电流值，当转换开关在交、直流电压或直流电流挡，量程在除交流 10 V 以外的其他位置时，即读此条刻度线。第三条标有 10 V，指示的是 10 V 的交流电压值，当转换开关在交、直流电压挡，量程在交流 10 V 时，即读此条刻度线。第四条标有 dB，指示的是音频电平。

刻度盘上表示的意义如下：

① ≈ 表示交直流。

② V－2.5 kV 4 000 Ω/V 表示对于交流电压及 2.5 kV 的直流电压挡，其灵敏度为 4 000 Ω/V。

③ A－V－Ω 表示可测量电流、电压及电阻。

④ 45－65－1 000 Hz 表示使用频率范围为 1 000 Hz 以下，标准工频范围为 45～65 Hz。

⑤ 2 000 Ω/V DC 表示直流挡的灵敏度为 2 000 Ω/V。

（2）万用表测量线路。

测量线路是用来把各种被测量转换到适合表头测量的微小直流电流的电路，它由电阻、半导体元件及电池组成，它能将各种不同的被测量（如电流、电压、电阻等）、不同的量程，经过一系列处理（如整流、分流、分压等）统一变成一定量限的微小直流电流送入表头进行测量，万用表测量线路如图 2-13 所示。

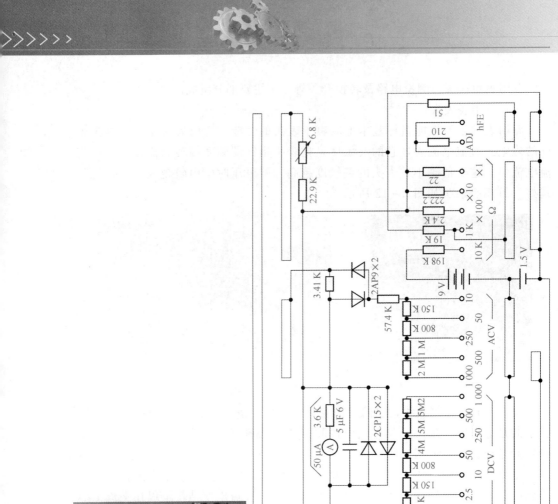

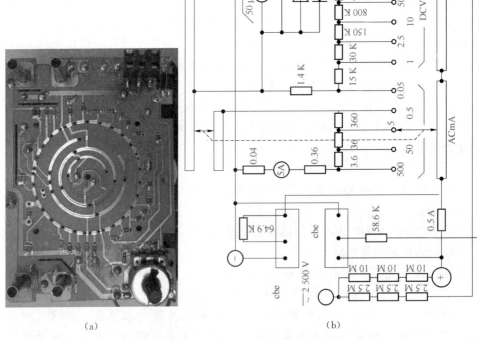

(a)

(b)

图 2-13 万用表测量线路

（3）万用表转换开关。

其作用是用来选择各种不同的测量线路，以满足不同种类和不同量程的测量要求。转换开关一般有两个，分别标有不同的挡位和量程，如图 2 - 14 所示。

图 2 - 14　万用表转换开关

2）万用表测量直流电压与电流

（1）万用表测量直流电压。

将万用表的一个转换开关置于交、直流电压挡，另一个转换开关置于直流电压的合适量程上，且"＋"表笔（红表笔）接到高电位处，"－"表笔（黑表笔）接到低电位处，即让电流从"＋"表笔流入，从"－"表笔流出。若表笔接反，表头指针会反方向偏转，容易撞弯指针。测量方法如图 2 - 15 （a）所示。

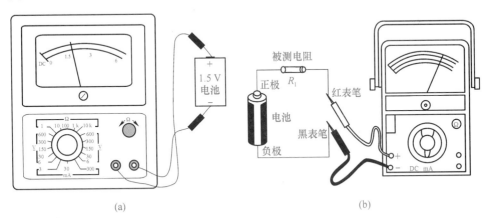

（a）　　　　　　　　　　　　　　　（b）

图 2 - 15　万用表测量直流电压与直流电流

（a）测量直流电压；（b）测量直流电流

测量读数方法为

$$实际值＝指示值×\frac{量程}{满偏}$$

（2）万用表测量直流电流。

测量直流电流时，将万用表的转换开关置于直流电流挡 50 μA～500 mA 的合适量程上，电流的量程选择和读数方法与电压一样。测量时必须先断开电路，然后按照电流从"＋"到"－"的方向，将万用表串联到被测电路中，即电流从红表笔流入，从黑表笔流出。如果误将万用表与负载并联，则因表头的内阻很小，会造成短路烧毁仪表。测量方法如图 2－15（b）所示。

其读数方法为

$$实际值＝指示值×\frac{量程}{满偏}$$

5. 检测与排除直流电路故障

在维修检测电子电气设备的各种方法中，电压测量法是一种最常用、最基本的方法。在业余条件下，一般使用电压表的交流电压和直流电压挡进行检测。

1）电压测量法的基本原理

电路正常工作时，电路中各点电压都有一个相对稳定的正常值或者动态变化的范围。如果电路中出现开路故障、短路故障或者元器件参数发生性能变化时，该电路中的工作电压也会跟着发生改变。所以电压测量法就能通过检测电路中某些关键点的工作电压有或者没有、偏大或偏小、动态变化是否正常，然后根据不同的故障现象，结合电路的工作原理进行分析找出故障原因。

2）电压测量法的检测要点

（1）电源电压的检测。电源是电路正常工作的必要条件，所以当电路出现故障时，应首先检测电源部分。如果电源电压不正常，应重点检查电源电路和负载电路是否存在开路和短路故障。在通常情况下，如果电源部分有开路故障，电源就没有电压输出；如果负载出现开路故障，电源电压就会升高；如果负载出现短路故障，电源电压就会降低，甚至引发火灾；对于开关电源，还应着重检查保护电路是否正常。

（2）三极管工作电压的检测。通过检测三极管各极的电位，根据三极管在电路中的工作状态进行分析就能找出故障原因。所以在分析和检测前首先必须掌握各种电路的工作原理，了解被测三极管的工作状态。

（3）集成电路工作电压的检测。通过检测集成电路各引脚电压，然后把检测结果与正常值进行对比就能初步判断集成电路本身、该集成电路的相关电路或外围元件是否存在故障。应着重检测电源、时钟、信号的输入输出等引脚的电压。

（4）电路中某些动态电压的检测。在收音机、电视机、录像机、影碟机等设备中，其引脚电压都会根据不同情况发生动态变化。通过检测这些电压的动态变化，就能快速找出故障原因。

3）使用电压测量法的注意事项

（1）使用电压测量法检测电路时，必须先了解被测电路的情况、种类、电压的高低范围，然后根据实际情况合理选择设备（如万用表）的挡位，以防止烧毁测试仪表。

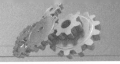

（2）测量前必须分清被测电压是交流电压还是直流电压，确保万用表红表笔接电位高的测试点，黑表笔接电位低的测试点，防止因指针反向偏转而损坏电表。

（3）使用电压测量法时要防止触电，确保人身安全。测量时人体不要接触表笔的金属部分。具体操作时，一般先把黑色表笔固定，然后用单手拿着红表笔进行测量。

2.3　工作单

操作员：_____　　　"7S"管理员：_____　　　记分员：_____

实训项目	测量简单直流电路参数			
实训时间	实训地点		实训课时	3
使用设备	电工实验台、滑动变阻器、开关、1.5 V电池、灯泡、电流表、电压表			
制订实训计划				
实施	测量电路中的电压和电流	操作步骤	（1）参照电路图，连接实物图（见图 2-16）。 图 2-16　测量电压电路 （a）单节电池电路；（b）两节电池电路； （c）测量电压实物 （2）测量电路中的电压和电流并作记录。	

图 2-16　测量电压电路

（a）单节电池电路；（b）两节电池电路；

（c）测量电压实物

情况　记录　 观察内容	一节电池	两节电池
电压表示数		
电流表示数		
灯珠亮度		
实验结论	在灯珠不变的情况下，导体中的电流与这段导体两端的电压成正比	

续表

实施	研究电流和电压的关系	操作步骤	(1) 参照电路图，连接实物图（见图2-17）。 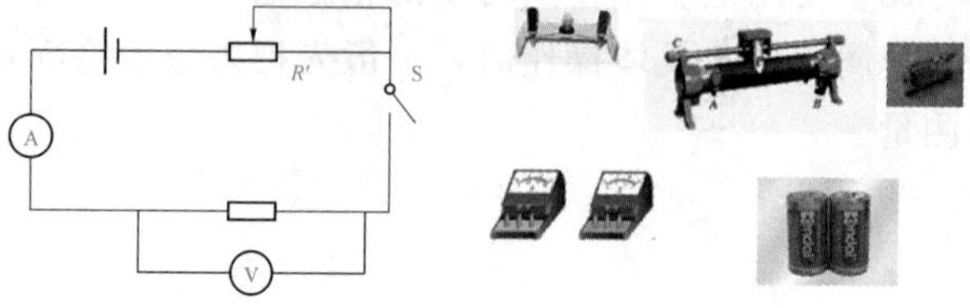 图 2-17　测量电路中电压和电流 （a）电路；（b）实物 (2) 测量电路中的电压和电流并作记录。 表格见下

情况记录位置 \ 项目	电压变化	电流变化
滑片位于 B 点		
滑片位于中间		
滑片位于 A 点		
实验结论		

评价	项目评定	根据项目器材准备、实施步骤、操作规范3个方面评定成绩
	学生自评	根据评分表打分
	学生互评	互相交流，取长补短
	教师评价	综合分析，指出好的方面和不足的方面

项目评分表

本项目合计总分：_____

1. 功能考核标准（90分）

工位号_____　　　　　　　　　　　　　成绩_____

项目	评分项目	分值	评 分 标 准	得分
器材准备	实训所需器材	30	滑动变阻器、开关、1.5 V电池、灯泡、电流表、电压表全部准备到位得30分，少准备一件器材扣3分	

续表

项目	评分项目	分值		评 分 标 准	得分
实施过程	测量电路中的电压和电流	60	30	(1) 参照电路图连接实物图，正确得15分，错1处扣2分； (2) 测量数据填写正确得15分，错1处扣2分	
	研究电流和电压的关系		30	(1) 参照电路图连接实物图，正确得15分，错1处扣2分； (2) 测量数据填写正确得15分，错1处扣2分	

2. 安全操作评分表（10分）

工位号_____　　　　　　　　　　　　成绩_____

项目	评分点	配分	评分标准	得分
职业与安全知识	完成工作任务的所有操作是否符合安全操作规程	5	符合要求得5分，基本符合要求得3分，一般得1分	
	工具摆放、包装物品等的处理是否符合职业岗位的要求	3	符合要求得3分，有两处错得1分，两处以上错得0分	
	遵守现场纪律，爱惜现场器材，保持现场整洁	2	符合要求得2分，未做到扣2分	
项目	加分项目及说明			加分
奖励	整个操作过程中对现场进行"7S"现场管理和工具器材摆放规范到位的加10分； 用时最短的3个工位（时间由短到长排列）分别加3分、2分、1分			
项目	扣分项目及说明			扣分
违规	违反操作规程使自身或他人受到伤害的扣10分； 不符合职业规范的行为，视情节扣5～10分； 完成项目用时最长（时间由长到短排列）的3个工位分别扣3分、2分、1分			

2.4　课后练习

1. 填空题

（1）电路通常有_____、_____和_____3种状态。

（2）在一定_____下，导体的电阻和它的长度成_____，而和它的横截面积成_____。

（3）电荷的_____移动形成电流。它的大小是指单位_____内通过导体横截面的_____。

（4）电路的作用是实现电能的_____和_____。

（5）电动势为 2 V 的电源，与 9 Ω 的电阻接成闭合电路，电源两极间的电压为 1.8 V，这时电路中的电流为_____A，电源内阻为_____Ω。

2. 判断题

（1）电阻值大的导体，电阻率一定也大。 （ ）

（2）直流电路中，有电压的元件一定有电流。 （ ）

（3）欧姆元件的伏安特性曲线是过原点的直线时，叫做线性电阻。 （ ）

（4）直流电路中，有电流的元件，两端一定有电压。 （ ）

3. 选择题

（1）下列设备中，一定是电源的为 （ ）。

A. 发电机　　　B. 冰箱　　　C. 蓄电池　　　D. 白炽灯

（2）某导体两端电压为 100 V，通过的电流为 2 A；当两端电压降为 50 V 时，导体的电阻应为 （ ）。

A. 100 Ω　　　B. 25 Ω　　　C. 50 Ω　　　D. 0 Ω

（3）通常电工术语"负载大小"是指 （ ） 的大小。

A. 等效电阻　　　B. 实际电工率　　　C. 实际电压　　　D. 负载电流

4. 技能测试

用伏安法测量电阻，并作伏安特性曲线。

（1）按实验图 2 - 18 连接电路。

（2）把万用表转换开关放在直流电流挡上，选择适当的量程。

（3）测量电流，将读数记于表 2 - 7 中。

（4）计算电阻，并作伏安特性曲线。

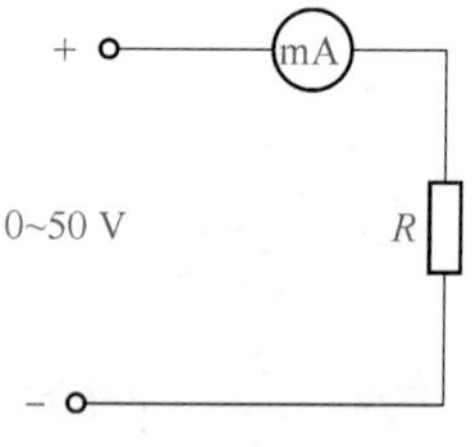

图 2 - 18　伏安法测量电阻

表 2 - 7　数据记录表

U/V	5	10	15	20	25	30	35	40	45	50
I/mA										
R/Ω										

项目 3　识别与检测电阻器

电阻器是一种消耗电能的元件，在电路中用于控制电压、电流的大小，或与电容器和电感器组成具有特殊功能的电路。

本项目主要介绍电阻器的种类、主要参数、电阻器串联电路和并联电路等内容，为后面分析各种电工电子电路奠定必要的基础。

3.1　任务书

3.1.1　任务单

项目3	识别与检测电阻器	工作任务	(1) 识别电阻器 (2) 制作分流器 (3) 用万用表测量电阻	
学习内容	(1) 用目视法对多个不同类型的电阻器分别进行判断，识别其种类，识读电阻器阻值； (2) 搭建简单直流串联电路，测量电路参数，归纳串联电路的特点； (3) 归纳并联电路的特点； (4) 用万用表对电阻器进行质量检测，判断电阻器的好坏，并将这些数据记录在表中	教学时间/学时		6
学习目标	(1) 了解电阻器的相关基础知识； (2) 能够识别常见电阻器的种类及名称，能够识别色环电阻的阻值； (3) 认识电阻在电路中的作用，能够正确替换电阻器； (4) 能够参照电路图搭建电阻串联、并联电路，并测量电路参数； (5) 会查阅有关技术资料和工具书			
思考题	(1) 常用的电阻器有哪些种类？ (2) 串联电路和并联电路各自的特点有哪些？ (3) 如何用万用表判断电阻器的阻值和好坏？			

3.1.2 资讯途径

序号	资讯类型
1	上网查询
2	色环电阻的识别方法相关资料
3	万用表使用手册

3.2 学习指导

3.2.1 训练目的

（1）用目视法对多个不同类型的电阻器分别进行判断，识别其种类，识读电阻器阻值。

（2）能够搭建简单直流串联电路，测量电路参数，归纳串联电路的特点。

（3）能够搭建简单直流并联电路，测量电路参数，归纳并联电路的特点。

（4）用万用表对电阻器进行质量检测，判断电阻器的好坏，并将这些数据记录在表中。

3.2.2 训练重点及难点

（1）识别电阻器。

（2）用万用表测量电阻。

3.2.3 识别与检测电阻器的相关理论知识

1. 识别电阻器

1）常见电阻器

电阻器（简称电阻）是电子产品中应用最多的元件之一，常用的引线电阻器如图 3-1 所示，贴片电阻如图 3-2 所示，可变电阻器（电位器）如图 3-3 所示。

图 3 - 1　常见引线电阻器

（a）碳膜电阻；（b）金属膜电阻；（c）水泥电阻；（d）线绕电阻；

（e）光敏电阻；（f）压敏电阻；（g）热敏电阻；（h）超小型热敏电阻

图 3 - 2　贴片电阻

图 3 - 3　常见可变电位器

固定电阻　　　　可变电阻　　　　电位器

图 3 - 4　电阻器的符号

电阻器是用电阻材料制成的、具有一定结构形式、能在电路中起限制电流通过作用的二端电子元件。电阻器在电路中消耗电能并转换成热能。常用电阻器的符号如图 3 - 4 所示。

电阻的单位是欧姆，用字母 Ω 表示。为了便于计算，通常也采用 kΩ（千欧）、MΩ（兆欧）为单位，它们的换算关系见表 3 - 1。

表 3 - 1　电阻单位的换算关系

电阻值		
文字符号	单位及进制关系	名称
R	Ω（10^0）	欧姆
K	kΩ（10^3）	千欧
M	MΩ（10^6）	兆欧
G	GΩ（10^9）	吉欧
T	TΩ（10^{12}）	太欧

2）常见材料的电阻率

导体的电阻是由它本身的物理条件决定的。金属导体的电阻是由它的长短、粗细、材料的性质和温度决定的。

试验结果表明，在温度不变的情况下，用同种材料制成不同规格导线，其电阻与它的长度 l 成正比，即长度越大电阻越大，长度越小电阻越小；长度相等（粗细均匀）而横截面积不相等的导线，其电阻与它的横截面积 S 成反比，即直径越大电阻越小，直径越小电阻越大。这就是电阻定律。电阻定律的数学表达式为

$$R \approx \rho \frac{l}{S}$$

式中　l——导体的长度，m；

　　　S——导体的横截面积，m^2；

　　　ρ——电阻系数或电阻率，它与材料的性质有关，$\Omega \cdot m$。

从表 3-2 可以看出，金属和合金的电阻率都很小；而电木、橡胶的电阻率都很大。使用时，可以根据需要，参照电阻率表选取合适的材料。例如，在输电、用电线路中，为了减小电阻，就要选用铜、铝材料做导线；而在用电器和电工工具的绝缘部分又要选用电木、橡胶等材料制作。

表 3-2　几种常用材料在 20 ℃时的电阻率

材　料	$\rho/(\Omega \cdot m)$	材　料	$\rho/(\Omega \cdot m)$
银	1.6×10^{-8}	铁	1.0×10^{-7}
铜	1.7×10^{-8}	镍铜合金	5.0×10^{-7}
铝	2.9×10^{-8}	镍铬合金	1.0×10^{-6}
钨	5.3×10^{-8}	电木	$10^{10} \sim 10^{14}$
锰铜合金	4.4×10^{-7}	橡胶	$10^{13} \sim 10^{16}$

各种材料的电阻率都随温度的变化而变化，纯金属的电阻率随温度的升高而增大，电阻温度计就是利用金属的这种特性制成的，可以用来测量很高的温度。

3）电阻器的识别

（1）直标法。

直标法指用数字和电阻的单位符号在电阻器表面直接标出标称阻值和技术参数的方法，如图 3-5 所示。单位符号后面的允许偏差直接用±5％、±10％、±20％或Ⅰ（J）、Ⅱ（K）、Ⅲ（M）表示。若电阻上未注偏差则均为±20％。图 3-5（a）所示电阻值是金属膜定值精密电阻，图 3-5（b）所示电阻器的阻值是 10 Ω、偏差是±5％。

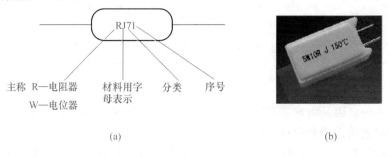

(a)　　　　　　　　　　　　　　　　(b)

图 3-5　电阻器的直标法

相关其他字母含义如表 3 - 3 所示。

表 3 - 3 电阻型号的命名

第一部分（主称）		第二部分（材料）		第三部分（分类）	
用字母表示		用字母表示		用字母或数字表示	
符号	意义	符号	意义	符号	意义
R	电阻器	T	碳膜	1	普通
W	电位器	P	硼碳膜	2	普通
		U	硅碳膜	3	高频
		H	合成膜	4	高阻
		I	玻璃釉膜	5	高温
		J	金属膜	7	精密
		Y	氧化膜	8	电阻；高压；电位器；特殊
		S	有机实芯	9	特殊
		N	无机实芯	G	高功率
		X	线绕	T	可调
		C	沉积膜	C	小型
		G	光敏	L	测量用
				W	微调
				D	多圈

（2）文字符号法。

如图 3 - 6 所示，用阿拉伯数字和文字符号有规律地组合在电阻器表面标示电阻阻值的方法称为文字符号法。通常采用 J（±5%）、K（±10%）、M（±20%）在阻值最后表示偏差。

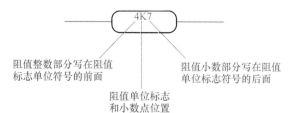

图 3 - 6 电阻器的文字符号表示法

例如，0.33 Ω 表示为 Ω33（或 R33）；5.1 Ω 表示为 5Ω1（或 5R1）；9.1 kΩ表示为 9K1；3 600 MΩ 表示为 3G6；2.7 MΩ 表示为 2M7。

· 43 ·

（3）数码法。

数码法常用 3 位或 4 位阿拉伯数字表示，前面的数字表示阻值的有效数字，最后一位数字表示倍率（10 的乘方数）；两位数字表示阻值为几十欧。通常采用 J（±5%）、K（±10%）、M（±20%）在阻值最后表示偏差。

例如，121 表示电阻值为 $12 \times 10^1 \ \Omega = 120 \ \Omega$；473 表示电阻值为 $47 \times 10^3 \ \Omega = 47 \ k\Omega$；56 表示电阻值为 $56 \ \Omega$。

贴片电阻常采用数码法表示。

（4）色环标识法。

电阻的色环标识法是在电阻元件表面用不同颜色的色环表示其电阻值（单位 Ω）和误差。色环标识法是标识电阻阻值的常用方法。普通电阻采用四道色环标识，精密电阻（允许误差不超过±2%）采用五道色环标识，如图 3-7 所示。

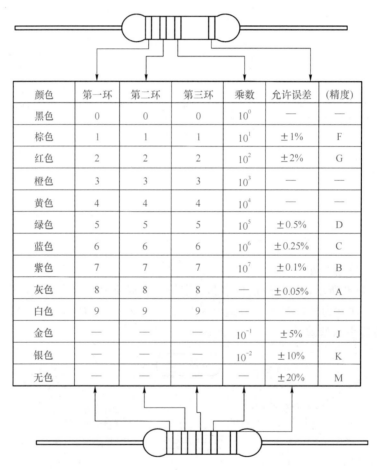

颜色	第一环	第二环	第三环	乘数	允许误差	（精度）
黑色	0	0	0	10^0	—	—
棕色	1	1	1	10^1	±1%	F
红色	2	2	2	10^2	±2%	G
橙色	3	3	3	10^3	—	—
黄色	4	4	4	10^4	—	—
绿色	5	5	5	10^5	±0.5%	D
蓝色	6	6	6	10^6	±0.25%	C
紫色	7	7	7	10^7	±0.1%	B
灰色	8	8	8	—	±0.05%	A
白色	9	9	9	—	—	—
金色	—	—	—	10^{-1}	±5%	J
银色	—	—	—	10^{-2}	±10%	K
无色	—	—	—	—	±20%	M

图 3-7　电阻的色环标识法

① 四色环标识法。4 个色环的电阻，其中第一、二环分别表示阻值的前两位数字；第三环代表倍率；第四环代表误差，如图 3-7 所示。快速识别的关键在

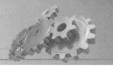

于熟练运用科学记数法，得到电阻值。

第一：熟记第一、二环每种颜色所代表的数字。

黑 0，棕 1，红 2，橙 3，黄 4，绿 5，蓝 6，紫 7，灰 8，白 9 等。

第二：记准、记牢第三环颜色所代表的是 10 的倍率。

金色表示 10^{-1}；其余黑、棕、红、橙、黄、绿、蓝、紫、灰、白分别表示 $10^0 \sim 10^9$。

第三：记住第四环颜色所代表的误差。

例如：金色为 ±5%；银色为 ±10%；无色为 ±20%。

第四：电阻值的单位取 Ω。

【例 3 - 1】 有一个四色环电阻，色环依次是黄、橙、红、金色。试判定其阻值及所属系列。

解 当 4 个色环依次是黄、橙、红、金色时，前两环黄、橙两色分别代表数字 "4" 和 "3"，第三环红色代表倍率为 10^2，第四环金色表示误差为 ±5%。则由科学记数法确定：该电阻的电阻值为 $43 \times 10^2\ \Omega = 4\ 300\ \Omega = 4.3\ \mathrm{k\Omega}$，误差为 ±5%。因其基本数字为 "43" 及误差为 ±5%，说明属于 E24 系列。

② 五色环标识法。如图 3 - 7 下部电阻所示，带有 5 条色环的电阻，其中第一、二、三条表示阻值的前 3 位数字；第四条表示倍率；第五条表示允许误差。颜色所表示的数字、倍率和允许偏差与四色环的相同。

【例 3 - 2】 有一个五色环电阻，色环依次是橙、白、黑、红、棕色。试判定其阻值。

解 当 5 个色环依次是橙、白、黑、红、棕色时，前 3 环橙、白、黑色分别代表数 3、9 和 0，第四环红色代表倍率为 10^2，第五环是棕色表示误差为 ±1%，则由科学记数法确定：该电阻的电阻值为 $390 \times 10^2\ \Omega = 39\ \mathrm{k\Omega}$，误差为 ±1%。

【例 3 - 3】 有一个五色环电阻，色环依次是绿、蓝、黑、橙、红色。试判定其阻值。

解 当 5 个色环依次是绿、蓝、黑、橙、红时，则由科学记数法确定：该电阻的阻值为 $560 \times 10^3\ \Omega = 560\ \mathrm{k\Omega}$，其误差为 ±2%。

2. 制作串联电路

1）参照电路图，连接实物图

电路图如图 3 - 8（a）所示，接线如图 3 - 8（b）所示，实物如图 3 - 8（c）所示。

2）测量电路参数并作记录

将记录填入表 3 - 4 中。

3）串联电路（Series Connection）

如图 3 - 8（a）所示的实验电路，两只灯泡负载顺次连接后接入电源中，类似这种电路中的元件或部件排列得使电流全部通过每一部件或元件而不分流的一种电路连接方式叫做串联电路。

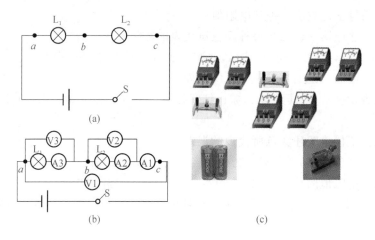

图 3-8　串联电路实验电路图与实物图

（a）由两只灯泡组成的串联电路；（b）串联电路参数测量接线；（c）实物

表 3-4　数据记录表

电压表	V1	V2	V3	电压表之间的关系
电流表	A1	A2	A3	电流表之间的关系
电阻	R_1（L_1）	R_2（L_2）	外电路总电阻 $R_总$	电阻之间的关系

电流只有一条路径，通过一个元件的电流同时也通过另一个元件，这是串联电路的特点之一。

4）电阻串联电路的特点

（1）两只负载组成的串联电路的特点。

通过串联电路实验分析可以得出以下结论：

① 在电路中电流处处相等，即

$$I_总 = I_1 = I_2$$

② 外电路总电阻阻值等于各串联电阻阻值之和，即

$$R_总 = R_1 + R_2$$

③ 路端电压等于各电阻压降之和，即

$$U_总 = U_1 + U_2$$

结合欧姆定律，在串联电路中，电压 U、电流 I 和电阻之间存在下列关系，即

$$I = \frac{U_总}{R_1 + R_2}$$

（2）多只负载串联组成的串联电路的特点。

观察图3-9（a）、（b），思考：仿真电路中电流的关系是怎样的？电压的关系又是怎样的？

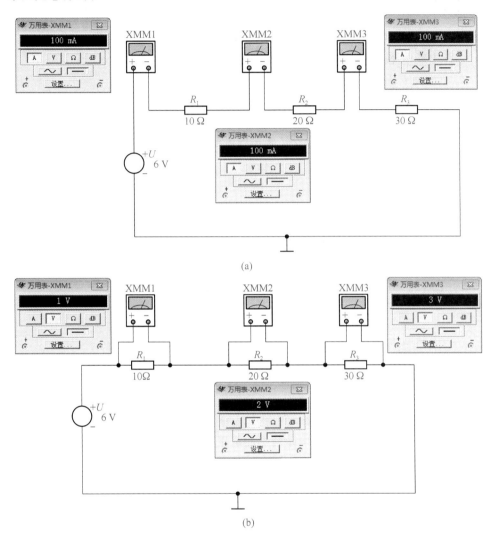

(a)

(b)

图3-9　串联电路 Multisim 仿真实验效果

从虚拟数字万用表的读数可以看出，电路中各处的电流相等，即

$$I = I_1 = I_2 = I_3$$

从虚拟数字万用表的读数可以看出，电路两端的总电压等于各部分电阻两端的电压之和，即

$$U_总 = U_1 + U_2 + U_3$$

串联电路的基本特点如下：
①电路中各处的电流相等。
②电路两端的总电压等于各部分电阻两端的电压之和。

下面就从这两个基本特点出发，研究串联电路的几个重要性质。

① 串联电路总电压等于各电阻压降之和，即

$$U_{总}=U_1+U_2+U_3$$

推而广之，在串联电路中，有

$$U_{总}=U_1+U_2+\cdots+U_n$$

② 串联电路的总电阻。用 R 代表串联电路的总电阻，I 代表电流，根据欧姆定律，有

$$U=RI,\ U_1=R_1I,\ U_2=R_2I,\ U_3=R_3I$$

因为

$$U_{总}=U_1+U_2+U_3$$

所以

$$R_{总}=R_1+R_2+R_3$$

这就是说，串联电路的总电阻等于各个电阻之和，即

$$R_{总}=R_1+R_2+\cdots+R_n$$

③ 串联电路的电压分配。在串联电路中，由于

$$I=\frac{U_1}{R_1}=\frac{U_2}{R_2}=\cdots=\frac{U_n}{R_n}$$

所以，有

$$U_1=IR_1,\ U_2=IR_2,\ \cdots,\ U_n=IR_n$$

这就是说，串联电路各个电阻两端的电压与它的阻值成正比。这就是电阻在电路中的分压作用。

（3）串联电路的应用。

【例3-4】 有一只表头，它的等效内阻为 $R_a=10\ \mathrm{k\Omega}$，满刻度电流（即允许通过的最大电流）$I_a=50\ \mu\mathrm{A}$，若改成量程为 10 V 的电压表，应该串联多大的电阻？

解 根据题意可知，当表头满刻度时，表头两端的电压为 U_a。

$$U_a=I_aR_a=50\times10^{-6}\times10\times10^3=0.5(\mathrm{V})$$

可见，该表头最大承受电压为 0.5 V，用于测量 10 V 电压就会烧坏，需要串联分压电阻，来扩大量程。设表头需要扩大到测量 10 V 电压串联的电阻为 R_X，则

$$R_X=\frac{U_X}{I_a}=\frac{U-U_a}{I_a}=\frac{10\ \mathrm{V}-0.5\ \mathrm{V}}{50\times10^{-6}\mathrm{A}}=190\ \Omega$$

3. 制作并联电路

1）参照电路图，连接实物图。

电路如图 3－10（a）所示，接线如图 3－10（b）所示，实物如图 3－10（c）所示。

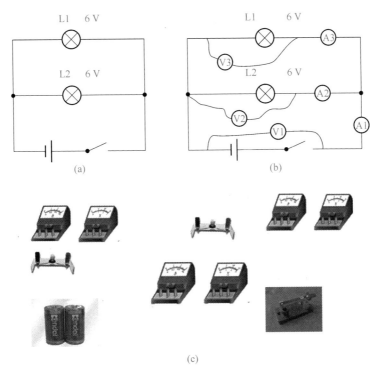

图 3－10 并联电路实验电路图与实物图

（a）由两只灯泡组成的并联电路；（b）并联电路参数测量接线；（c）实物

2）测量电路参数并作记录

将数据填入表 3－5 中。

表 3－5 数据记录表

电压表	V1	V2	V3	电压表之间的关系
电流表	A1	A2	A3	电流表之间的关系
电阻	R_1（L1）	R_2（L2）	外电路总电阻 $R_总$	电阻之间的关系

3）并联电路

如图 3－10（a）所示，把电路中的元件并列地接到电路中的两点间，电路中的电流分为几个分支，分别流经几个元件的连接方式叫做并联。

并联中各并联单元电压相等，这是并联电路的一个显著特点之一。

（1）两只负载组成的并联电路的特点。

通过并联电路实验分析可以得出以下结论：

① 在电路中各负载上电压与电路端电压相等，即

$$U_总 = U_1 = U_2$$

② 外电路总电流等于各负载电流之和，即

$$I_总 = I_1 + I_2$$

③ 并联电路的总电阻阻值小于任何一个支路的电阻阻值，即

$$R_总 < R_1，R_总 < R_2$$

结合欧姆定律，在串联电路中，电压 U、电流 I 和电阻之间存在下列关系，即

$$I = \frac{U_总}{R_1 + R_2}$$

（2）多只负载并联组成的并联电路的特点。

观察图 3-11（a）、（b），思考：仿真电路中电流的关系是怎样的？电压的关系又是怎样的？

从图 3-11（a）所示的虚拟数字万用表读数可以看出，电路中总电路的电流等于各支路电流之和，即

$$I_总 = I_1 + I_2 + I_3$$

推而广之，在串联电路中，有

$$I_总 = I_1 + I_2 + \cdots + I_n$$

从图 3-11（b）所示的虚拟数字万用表的读数可以看出，电路中各负载上的电压相等，都等于电路的端电压，即

$$U = U_1 = U_2 = U_3$$

推而广之，在串联电路中，有

$$U_总 = U_1 = U_2 = \cdots = U_n$$

（3）并联电路的等效电阻。

如果把图 3-12 中的 3 个电阻也用一个电阻 R 来代替，并把它连在两个公共接点上，在相同的电压下，通过主电路的电流跟原来的相同。那么，就把电阻 R 叫做并联电路的总电阻或等效电阻，如图 3-12 所示。可推出

$$\frac{1}{R} = \frac{1}{R_1} + \frac{1}{R_2} + \frac{1}{R_3}$$

并联电路的总电阻的倒数等于各个电阻的倒数之和。

（4）并联电路的分流作用。

在并联电路中，各支路两端的电压相等，根据欧姆定律，有

$$I_1 = \frac{U}{R_1}，I_2 = \frac{U}{R_2}，I_3 = \frac{U}{R_3}$$

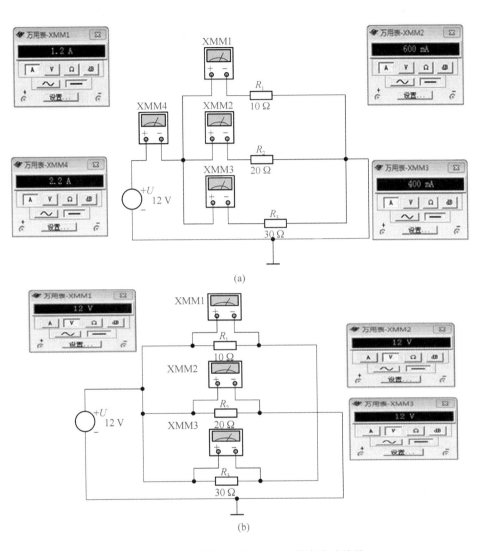

(a)

(b)

图 3 - 11　电阻并联电路 Multisim 仿真实验效果

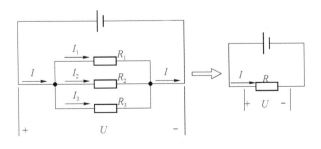

图 3 - 12　并联电路的等效电阻

通过各电阻的电流与它的电阻值成反比，即电阻的阻值越大通过它的电流越小。各个并联电阻可以分担一部分电流，并联电阻的这种作用叫做分流作用，做这种用途的电阻又叫分流电阻。

（5）并联电路知识应用。

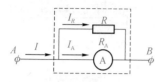

图 3 - 13　电流表扩大量程

【例 3 - 5】　如图 3 - 13 所示，内阻 $R_A=1\,000\,\Omega$，满偏（指针偏转到最大值）电流 $I_A=100\,\mu A$ 的灵敏电流表要改装成量程为 1 A 的电流表，需要并联多大的分流电阻？

解：根据并联电路分流作用的特点，可知分流电阻需要分担的电流为

$$I_R=I-I_A=(1-0.000\,1)\text{A}=0.999\,9\,\text{A}$$

分流电阻两端的电压与电流表两端的电压相等，所以

$$R=\frac{U_R}{I_R}=\frac{0.1}{0.999\,9}\,\Omega=0.1\,\Omega$$

电流表量程的扩大就是并联电路具有分流作用的应用实例之一。电流表能够测量的电流一般很小（不超过毫安级），为了扩大它的量程，达到可以测量较大电流的目的，就要给电流表并联一个阻值较小的分流电阻。这样，就可以把电流表改装成较大量程的电流表了。

（6）电阻器的混联。

在电路中，既有电阻的串联又有电阻的并联，称为电阻的混联，如图 3 - 14 所示。电阻的混联电路可以化简为一个电阻元件的等效电路。图 3 - 14（a）所示电路中的 R_1 与 R_2 串联后再与 R_3 并联，其等效电阻为

$$R=\frac{(R_1+R_2)\times R_3}{(R_1+R_2)+R_3}$$

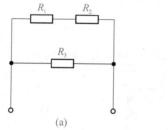

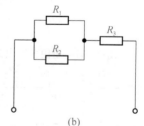

图 3 - 14　电阻的混联

图 3 - 14（b）所示电路中的 R_1 与 R_2 并联后再与 R_3 串联，其等效电阻为

$$R=\frac{R_1R_2}{R_1+R_2}+R_3$$

计算混联电路的一般步骤如下：

①利用电阻串、并联的化简方法，求出电路的等效电阻（即总电阻）。

②由总电压和等效电阻，利用欧姆定律求出总电流。

③根据题目要求，利用串联电路的分压公式和并联电路的分流公式，逐步求出各部分电压和电流。

4. 万用表测量电阻值

1）测量电阻器阻值前的准备

（1）万用表水平放置。

（2）机械调零。

检查万用表指针是否停在刻度盘左端的"0"位置，如不在"0"位，用小"一"字螺丝刀轻轻转动表头上的机械调零旋钮，使指针指在"0"位，如图 3-15（a）所示。

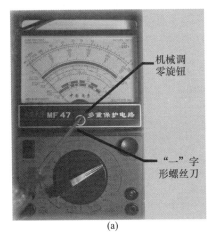
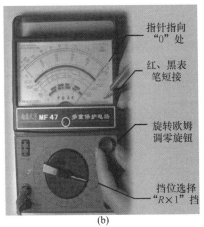

图 3-15　万用表调零

（a）机械调零；（b）欧姆调零

（3）插好表笔。

将红、黑表笔分别插入表笔插孔，红表笔插在"＋"孔，黑表笔插在"一"孔或"COM"插孔内。

（4）欧姆调零。

在使用电阻挡时，每次测量之前或是换挡之后都必须进行欧姆调零。例如，将量程选择开关置于 $R \times 1 \Omega$ 挡，把红、黑表笔短接，旋转"电阻调零旋钮"，使指针对准电阻挡刻度线最右边的"0"处，如图 3-15（b）所示。

2）万用表测电阻值

在测量之前先选择适当的挡位，一般以电阻的倍率大小作为测量电阻的挡位，选择完量程后进行欧姆调零。若在无法辨别电阻示数值时，选择从大到小的挡位逐个测量，直到（选择的挡位）使指针偏转在标度尺中心位置至 2/3 范围的位置为好。将两表笔分别置于电阻两端，测量后读电阻阻值。

读数方法：从万用表表盘上第一条刻度线所读的数字×挡位。例如，选择 $R×1\,\text{k}\Omega$ 挡位，当读数为 4.7 时，则被测电阻值为 $4.7×1\,\text{k}\Omega=4.7\,\text{k}\Omega$。

3）注意事项

（1）在测量电阻值时，手指只捏住电阻器的一端引线，严禁手指同时捏住电阻器的两端引线，这是为了避免测量时人体电阻与被测电阻并联而引起测量误差。

（2）对万用表进行欧姆调零操作时，指针如果不指零，是由于万用表内的电池容量下降了，则应更换万用表内电池。

3.3 工作单

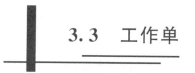

操作员：_____　　　　"7S"管理员：_____　　　　记分员：_____

实训项目	色环电阻的识读与测量			
实训时间		实训地点	实训课时	2
使用设备	电工实验台、MF47 型万用表、若干色环电阻			
制订实训计划				
实施	色环电阻的识读	操作步骤	（1）准备色环电阻。 （2）对实训图 3-16 中的相应实物电阻进行识读，并将相关数据填入实训表 3-6 中。 R_1 棕黑 橙 金 1 2 3 4　R_6 红红 棕 金 1 2 3 4 R_2 棕黑 红 金 1 2 3 4　R_7 红红 黄 金 1 2 3 4 R_3 绿蓝 棕 金 1 2 3 4　R_8 棕绿 红 金 1 2 3 4 R_4 绿黑 银 金 1 2 3 4　R_9 红绿 黑 金 1 2 3 4 R_5 棕红 橙 金 1 2 3 4　R_{10} 黄紫 红 金 1 2 3 4 图 3-16　色环电阻		

续表

实施	色环电阻的识读	操作步骤	表 3-6　读色环电阻的阻值

表 3-6　读色环电阻的阻值

序号	标称读数	允许误差	测量读数	序号	标称读数	允许误差	测量读数
R_1				R_6			
R_2				R_7			
R_3				R_8			
R_4				R_9			
R_5				R_{10}			

（3）注意事项。

识读时正确找到起始位置是正确识读电阻值的关键，一般判别起始端（或尾端）的方法是：色环更靠近引线根部的那端是起始端；金（银）色环是误差环（尾端）；有一环的距离明显离它旁边环的距离远则该环（距离远的环）为误差环

用万用表测量电阻阻值　操作步骤

（1）测量电阻器阻值前的准备。

（2）读数方法。

（3）测量图 3-16 所示的实物电阻阻值，填入表 3-6 中。

（4）注意事项。

① 在测量电阻值时，手指只捏住电阻器的一端引线，严禁手指同时捏住电阻器的两端引线，这是为了避免测量时人体电阻与被测电阻并联而引起测量误差；

② 对万用表进行欧姆调零操作时，指针如果不指零，是由于万用表内的电池容量下降了，则应更换万用表内电池

评价	项目评定	根据项目器材准备、实施步骤、操作规范 3 个方面评定成绩
	学生自评	根据评分表打分
	学生互评	互相交流，取长补短
	教师评价	综合分析，指出好的方面和不足的方面

项目评分表

本项目合计总分：_____

1. 功能考核标准（90分）

工位号_____   成绩_____

项目	评分项目	分值		评 分 标 准	得分
器材准备	实训所需器材	30		准备好万用表并完成对其好坏检测得 10 分，依照图 3-16 找齐实物电阻得 20 分，少准备一件器材扣 3 分	
实施过程	识别色环电阻	60	30	（1）正确识读 1 只色环电阻得 2 分； （2）读对误差环，每只得 1 分	
	用万用表测量电阻		30	（1）能正确对万用表进行机械调零，得 2 分； （2）能正确对万用表进行欧姆调零，得 3 分； （3）能正确选择挡位，得 10 分； （4）能正确读数，得 10 分； （5）填写数据正确，得 5 分	

2. 安全操作评分表（10分）

工位号_____   成绩_____

项目	评分点	配分	评 分 标 准	得分
职业与安全知识	完成工作任务的所有操作是否符合安全操作规程	5	符合要求得 5 分，基本符合要求得 3 分，一般得 1 分	
	工具摆放、包装物品等的处理是否符合职业岗位的要求	3	符合要求得 3 分，有两处错得 1 分，两处以上错得 0 分	
	遵守现场纪律，爱惜现场器材，保持现场整洁	2	符合要求得 2 分，未做到扣 2 分	
项目	加分项目及说明			加分
奖励	整个操作过程中对现场进行"7S"现场管理和工具器材摆放规范到位的加 10 分；用时最短的 3 个工位（时间由短到长排列）分别加 3 分、2 分、1 分			

续表

项目	扣分项目及说明	扣分
违规	违反操作规程使自身或他人受到伤害的扣10分； 不符合职业规范的行为，视情节扣5～10分； 完成项目用时最长（时间由长到短排列）的3个工位分别扣3分、2分、1分	

3.4　课后练习

1. 填空题

(1) 电阻器的单位通常有_____、_____、_____等。

(2) 金属导体的电阻是由它的_____、_____、_____和_____决定的。

(3) E24系列共_____种基本规格，允许误差为_____；E12系列_____有_____种基本规格，允许误差为_____。

(4) 电阻器的色标法又分为_____和_____。

(5) 电压表扩大量程需要用到电路的_____联知识；电流表扩大量程需要用到电路的_____联知识。

(6) 假如有一个五色环电阻，其五色环依次为红、棕、黑、红、红，则它的电阻值为_____。

2. 选择题

(1) 串联电路中，电压的分配与电阻成（　　）。

A. 正比　　　　　B. 反比　　　　　C. 1∶1　　　　　D. 2∶1

(2) 并联电路中，电流的分配与电阻成（　　）。

A. 正比　　　　　B. 反比　　　　　C. 1∶1　　　　　D. 2∶1

(3) 在图3-17所示的电路中，当开关S闭合时，灯L_1、L_2均不亮。某一同学用一根导线去查找电路的故障。他将导线先并联在L_1两端时，发现灯L_2亮，灯L_1不亮，由此判断（　　）。

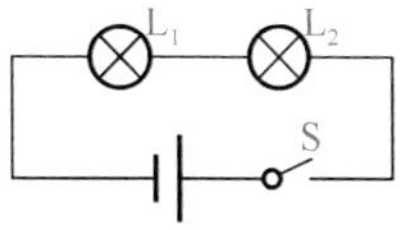

A. 灯L_1断路　　　　　　　　B. 灯L_1短路

C. 灯L_2断路　　　　　　　　D. 灯L_2短路

图3-17　电路

（4）有两个分别标有"6 V/2 W"和"12 V/8 W"字样的电灯泡，如果将它们串联在电路中，使其中一个灯恰好正常发光，则加在串联电路两端的电压是（   ）。

A. 6 V   B. 12 V   C. 18 V   D. 24 V

（5）把"110 V、20 W"和"110 V、40 W"的两只灯泡串联起来接在 110 V 的电路中，结果这两只灯泡都不能正常发光，这是因为（   ）。

A. 每只灯泡的额定功率都变小了

B. 每只灯泡的电压都变小了

C. 电路电压是 110 V，而不是 220 V

D. 电路电压无论多大，也不能使两灯同时正常发光

项目 4 测量复杂直流电路参数

在日常生活中，常常遇到两个或两个以上的电源组成的多回路电路，电路中某点的工作状态是总体电路中多个电源共同作用的结果。这类电路不能简化成一个简单的回路，称之为复杂电路，如果电源都是直流电源，则把它称为复杂直流电路。

本项目的主要任务是认识复杂直流电路结构及常用电路名词，掌握复杂直流电路的基本分析方法，为后续学习各种电工电子电路奠定必要的基础。

4.1 任务书

4.1.1 任务单

项目 4	测量复杂直流电路参数	工作任务	（1）认识惠斯通电桥电路 （2）利用惠斯通电桥测电阻 （3）认识凯尔文电桥	
学习内容	（1）认识惠斯通电桥电路； （2）利用惠斯通电桥测电阻； （3）认识凯尔文电桥		教学时间/学时	6
学习目标	（1）认识电路的节点、网孔、回路和支路等概念，运用概念找出复杂直流电路的节点、网孔、回路和支路； （2）认识节点电流定律，运用节点电流定律解决电路节点电流计算相关问题； （3）认识回路电压定律，运用回路电压定律解决复杂电路回路电压计算相关问题； （4）运用惠斯通电桥和凯尔文电桥测量电阻并了解其工作原理； （5）会查阅有关技术资料和工具书，能正确进行电容器的拆装、焊接等操作			
思考题	（1）什么是节点电流定律？ （2）什么是回路电压定律？ （3）如何用惠斯通电桥测电阻？ 			

4.1.2 资讯途径

序号	资讯类型
1	上网查询
2	惠斯通电桥相关资料
3	检流计使用说明书

4.2 学习指导

4.2.1 训练目的

（1）能够正确描述惠斯通电桥中的节点、网孔和支路，认识节点电流定律与回路电压定律并运用定律解决问题。

（2）能够运用惠斯通电桥测量电阻并了解其原理。

（3）认识凯尔文电桥结构，能够运用支路电流法解决实际问题。

4.2.2 训练重点及难点

（1）认识惠斯通电桥电路。

（2）利用惠斯通电桥测电阻。

（3）认识凯尔文电桥。

4.2.3 测量复杂直流电路参数的相关理论知识

1. 认识复杂直流电路

复杂电路是指不能用串并联简化的电路，它是各种电工电子设备电路的基础和重要组成部分。如果复杂电路的电源都是直流电源，则把它称为复杂直流电路。要分析复杂直流电路，从分析表 4 - 1 中的例图来熟悉复杂直流电路中的几个概念，如表 4 - 1 所示。

表 4-1　直流电路的概念

概念名称	概念含义	例图分析	备注
支路	由一个或几个元件首尾相连接构成的无分支电路，其所有元件上流过的电流相等，称为支路电流	支路一：R_1 和 E_1 构成一条支路；支路二：R_2 和 E_2 构成一条支路；支路三：R_3 构成一条支路	支路数目 $b=3$
节点	电路中 3 条或 3 条以上支路的连接点	节点一：电路的 A 点；节点二：电路的 B 点	节点数目 $n=2$
回路	电路中任一闭合路径，回路是一条或多条支路所组成的闭合回路。在绕行闭合回路的过程中该回路的每个元件只可以经过一次	回路一：$CDEFC$；回路二：$AFCBA$；回路三：$EABDE$	回路数目 $l=3$
网孔	中间没有支路的单孔回路称为网孔	网孔一：电路中的 $AFCBA$ 回路；网孔二：电路中的 $EABDE$ 回路	网孔数目 $m=2$

认真观察图 4-1，请指出图中有几个节点、几条支路、几条回路、几个网孔？下面介绍基尔霍夫定律。

（1）认识基尔霍夫电流定律（节点电流定律，简称 KCL）。

① 节点电流定律。在电路中任一节点上，任何时刻流入该节点的电流之和等于流出该节点的电流之和，这就是基尔霍夫电流定律，又称节点电流定律。其表达式为

$$\sum I_{流入} = \sum I_{流出}$$

如图 4-2 所示，由支路 I_1、I_2、I_3、I_4、I_5 共同连接到点 A，形成了节点 A。在节点 A 上，有

$$I_1 + I_3 = I_2 + I_4 + I_5$$

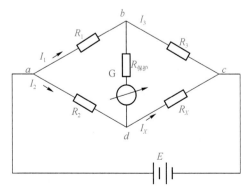

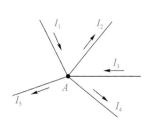

图 4-1　惠斯通电桥电路原理　　　图 4-2　基尔霍夫电流定律示意图

当规定流出节点的电流为负值，流入节点的电流为正值时，则上式也可写成
$$I_1 + I_3 - I_2 - I_4 - I_5 = 0$$
所以，基尔霍夫电流定律也可以描述为：在任一电路的任一节点上，电流的代数和恒等于零，即
$$\sum I = 0$$
② 节点电流定律应用注意事项。

a. 对于含有 n 个节点的电路，只能列出 $n-1$ 个独立的电流方程。

b. 列节点电流方程时，只需考虑电流的参考方向，然后再代入电流的数值。

c. 利用节点电流定律分析电路时，通常需要预先选定（假定）所研究的那段支路电流的方向，称之为电流的参考方向，常用"→"号表示。

电流的实际方向可根据计算出的结果来判断，当 $I>0$ 时，表明电流的实际方向与参考方向一致；当 $I<0$ 时，则表明电流的实际方向与参考方向相反。

③ 节点电流定律的应用。

a. 节点电流定律适用于电路中所选取的任一封闭面。

图 4-3 所示的电路是一只晶体三极管 3 个极之间的电流流向，可以假定一个封闭面 S 将晶体管包围起来，把它看成一个节点。这样，对于封闭面 S 来说，流入封闭面的电流等于流出封闭面的电流。据图中选取的电流正方向可得
$$I_B + I_C = I_E \text{ 或 } I_B + I_C - I_E = 0$$
b. 对于网络（电路）之间的电流关系，仍然可由节点电流定律判定。

在图 4-4 所示的电路中，流入网络 B 的电流和流出网络 B 的电流必然相等。

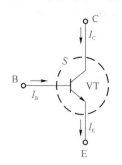

图 4-3 三极管 3 个极的电流流向

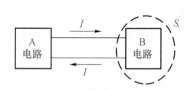

图 4-4 电路

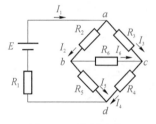

图 4-5 电桥电路

c. 若两个网络之间只有一根导线相连，那么这根导线中一定没有电流通过。

d. 若一个网络只有一根导线与地相连，那么这根导线中一定没有电流通过。

【例 4-1】 在图 4-5 所示电桥电路中，已知 $I_1 = 25$ mA，$I_3 = 16$ mA，$I_4 = 12$ mA。试求其余电阻中的电流 I_2、I_5、I_6。

解　先任意标定未知电流 I_2、I_5、I_6 的参考方向，如图 4-5 所示，则由节点电流定律可得

在节点 a 上：$I_1 = I_2 + I_3$，

则 $I_2 = I_1 - I_3 = 25 - 16 = 9(\text{mA})$

在节点 d 上：$I_1 = I_4 + I_5$，

则 $I_5 = I_1 - I_4 = 25 - 12 = 13(\text{mA})$

在节点 b 上：$I_2 = I_6 + I_5$，

则 $I_6 = I_2 - I_5 = 9 - 13 = -4(\text{mA})$

电流 $I_2 > 0$ 与 $I_5 > 0$，表明它们的实际方向与图中所标定的参考方向相同；$I_6 < 0$，表明它的实际方向与图中所标定的参考方向相反。

（2）认识基尔霍夫电压定律（回路电压定律）。

① 回路电压定律（KVL）。在任何时刻，沿着电路中的任一回路绕行方向，回路中各段电压的代数和恒等于零，这就是基尔霍夫电压定律，又称为回路电压定律。其表达式为

$$\sum U = 0$$

图 4-6 所示电路说明基尔霍夫电压定律，对回路 $abcdea$ 按顺时针的绕行方向，有

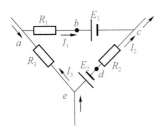

$$U_{ac} = U_{ab} + U_{bc} = R_1 I_1 + E_1$$
$$U_{ce} = U_{cd} + U_{de} = -R_2 I_2 - E_2$$
$$U_{ea} = R_3 I_3$$

则整个回路的电压为

$$U_{ac} + U_{ce} + U_{ea} = 0$$
$$R_1 I_1 + E_1 - R_2 I_2 - E_2 + R_3 I_3 = 0$$

即

$$\sum U = 0$$

图 4-6　基尔霍夫电压
　　定律的举例说明

上式也可写成

$$R_1 I_1 - R_2 I_2 + R_3 I_3 = -E_1 + E_2$$

上式表明，对于电阻电路来说，任何时刻，在任一闭合回路中，各段电阻上的电压降代数和等于各电源电动势的代数和，即：

$$\sum RI = \sum E$$

② 回路电压定律应用注意事项。

a. 在电路中电流的参考方向是唯一的，即从起点开始，最终按唯一方向绕回起点。

b. 用 $\sum U = 0$ 列回路电压方程的原则：

• 当支路电流的参考方向和回路的绕行方向一致时，取正值；否则取负值。

• 当电动势的方向（从负端到正端）和回路的绕行方向相同时，取负值；否则取正值。

　　③用 $\sum RI = \sum E$ 列回路电压方程的原则：

　　a. 电流正负取值：当支路电流的参考方向和回路的绕行方向一致时，取正值；否则取负值。

　　b. 电源电动势的正负取值：当电动势的方向（从负端到正端）和回路的绕行方向相同时，取正值；否则取负值。

2. 利用惠斯通电桥测电阻

1）认识惠斯通电桥测量原理

　　惠斯通电桥的电路原理如图 4-7 所示。4 个电阻 R_1、R_2、R_X 和 R_S 连成一个四边形，每一条边称为电桥的一个臂，其中：R_1、R_2 组成比例臂，R_X 为待测臂，R_S 为比较臂，四边形的一条对角线 AB 中接电源 E，另一条对角线 CD 中接检流计 G。"桥"就是指接有检流计的 CD 这条对角线，检流计用来判断 C、D 两点电位是否相等，或者说判断"桥"上有无电流通过。

　　电桥没调平衡时，"桥"上有电流通过检流计，当适当调节各臂电阻，可使"桥"上无电流，即 C、D 两点电位相等，电桥达到了平衡。此时的等效电路如图 4-8 所示。

　　根据图 4-8 可知：

　　对于节点 C，$I_1 = I_X$。

　　对于节点 D，$I_2 = I_S$。

　　对于回路 ACBA，$E = U_{AB} = I_1 R_1 + I_X R_X$，即 $E - I_1 R_1 - I_X R_X = 0$

　　对于回路 ADBA，$E = U_{AB} = I_2 R_2 + I_S R_S$，即 $E - I_2 R_2 - I_S R_S = 0$

　　对于回路 ACBDA，$I_1 R_1 + I_X R_X = I_2 R_2 + I_S R_S$，即 $I_1 R_1 + I_X R_X - I_2 R_2 - I_S R_S = 0$

　　很容易证明

$$\frac{R_1}{R_2} = \frac{R_X}{R_S}$$

$$R_X = \frac{R_1}{R_2} \times R_S$$

　　此式即电桥的平衡条件。如果已知 R_1、R_2、R_S，则待测电阻 R_X 可求得。设上式中的 $R_1/R_2 = K$，则有

$$R_X = K \cdot R_S$$

　　式中的 K 称为比例系数。在箱式电桥测电阻中，只要调 K 值而无须分别调 R_1、R_2 的值，因为箱式电桥上设置有一个旋钮 K 值，并不另外分别调 R_1、R_2。但在自组式电桥电路中，则需要分别调节两只电阻箱（R_1 和 R_2），从而得到 K 值。

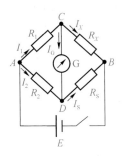 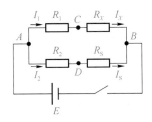

图 4 - 7　惠斯通电桥电路原理　　图 4 - 8　惠斯通电桥平衡时电路等效原理

　　由电桥的平衡条件可以看出，式中除被测电阻 R_X 外，其他几个量也都是电阻器。因此，用电桥法测电阻的特点是将被测电阻与已知电阻（标准电阻）进行比较而获得被测值的。因而测量的精度取决于标准电阻。一般来说，标准电阻的精度可以做得很高，因此，测量的精度可以达到很高。伏安法测电阻中测量的精度要依赖电流表和电压表，而电流表和电压表准确度等级不可能做得很高，因此，测量精度不可能很高。惠斯通电桥测电阻中，测量的精度不依赖电表，故其测量精度比伏安法的测量精度高。

　　电桥法测量是一种很重要的测量技术。由于电桥法所用线路原理简明、仪器结构简单、操作方便、测量的灵敏度和精确度较高等优点，使它广泛应用于电磁测量，也广泛应用于非电量测量。电桥可以测量电阻、电容、电感、频率、压力、温度等许多物理量。同时，在现代自动控制及仪器仪表中，常利用电桥的这些特点进行设计、调试和控制。

　　电桥分为直流电桥和交流电桥两大类。直流电桥又分为单臂电桥和双臂电桥，单臂电桥又称为惠斯通电桥，主要用于精确测量中值电阻。双臂电桥又称为凯尔文电桥，主要用于精确测量低值电阻。本次实验主要是学习应用惠斯通电桥测电阻。

　　2）电桥的灵敏度及影响因素

　　电桥测量电阻，仅在电桥平衡时才成立，而电桥的平衡是依据检流计的偏转来判断的，由于判断时受到眼睛分辨能力的限制而存在差异，会给测量结果带来误差，影响测量的准确性。这个影响的大小取决于电桥的灵敏度。电桥灵敏度就是在已经平衡的电桥里，当调节比较臂的电阻 R_S，使之改变一个微小量 ΔR_S，使检流计指针离开平衡位置 Δd 格，则定义电桥灵敏度 S 为

$$S = \frac{\Delta d}{\Delta R_S / R_S}$$

式中　R_S——电桥平衡时比较臂的电阻值；

　　　　$\Delta R_S / R_S$——比较臂的相对改变量。

　　因此，电桥灵敏度 S 表示电桥平衡时，比较臂 R_S 改变一个相对值时，检流计指针偏转的格数。S 的单位是"格"。例如，$S = 100$ 格 $= 1$ 格/(1/100)，则电

桥平衡后，只要 R_S 改变 1‰，检流计就会有 1 格的偏转。一般来讲，检流计指针偏转 1/10 格时，就可以被觉察，也就是说，此灵敏度的电桥，在它平衡后，R_S 只要改变 0.1‰，就能够觉察出来，这样由于电桥灵敏度的限制所导致的误差不会大于 0.1‰。这也正是研究电桥灵敏度的目的。

电桥灵敏度与下面诸因素有关：

（1）与检流计的电流灵敏度 S_i 成正比。

（2）与电源的电动势 E 成正比。

（3）与电源的内阻 r_E 和串联的限流电阻 R_E 之和有关。

（4）与检流计的内阻和串联的限流电阻 R_G 之和有关。该值越小，电桥灵敏度 S 越高；反之则低。

（5）与检流计和电源所接的位置有关。

因此，实验中要使电桥具有较高的灵敏度，以保证电桥平衡的可靠性，从而保证测量的准确性。

3）实训装置

（1）箱式电桥。其面板和电路结构如图 4-9 所示。

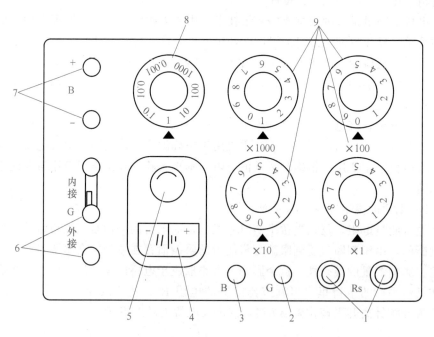

图 4-9   QJ23 型箱式惠斯通电桥面板

1—待测电阻 R_X 接线柱；2—检流计按钮开关 G（按下时检流计接通电路，松开（弹起）时检流计断开电路）；3—电源按钮开关 B（按下时电桥接通电路，松开（弹起）时断开电路）；

4—检流计；5—检流计调零旋钮；6—外接检流计接线柱；7—外接电源接线柱；

8—比例臂；9—比较臂（提供比例）

说明：

① 图 4-9 中电桥左下角的 3 个接线柱用来使检流计处于工作或短路状态的转换，有一个短路用的金属片，当检流计工作时，金属片应接在中、下两个（"外接"）接线柱上，使电路能够连通；当测量完毕时，金属片应接在上、中两个（"内接"）接线柱上，检流计被短路保护。

② 电桥背后的盒子里装有 3 节 1 号干电池，约 4.5 V。当某个实验测量所需要的电源，比内接电源大或者小，就用外接电源，接在外接电源接线柱 7 上（同时要取出内装干电池）。

③ 比例臂 8 由 R_1 和 R_2 两个臂组成，R_1/R_2 之比值直接刻在转盘上；当该臂旋钮旋在不同的位置时，R_1、R_2 各有不同的电阻值，组成 7 挡不同的比值 K（0.001、0.01、0.1、1、10、100、1 000）。

④ 比较臂 9 由 4 个不同的电阻挡（×1、×10、×100、×1 000）所组成。

⑤ 在测量时，要同时按下按钮 G、B。要注意，先按 G 后按 B。

（2）AC5 型指针式检流计。

AC5 型指针式检流计是电学实验中常用的仪器，灵敏度高，因为它采用了张丝或悬丝代替轴和轴承的结构，去掉了机械摩擦力。张丝不但是支承动圈和指针的元件，也是导流和产生反力矩的元件。由于这种结构特点，所以在使用时不能剧烈转动或震动。电流常数 $C \approx 10^{-7}$ A/格。其面板如图 4-10 所示。图中，

"＋、－"：正负极接线柱，电桥实验中检流计作为平衡指示器用，接线时可以不考虑正负极。

"零点调节"：调零旋钮，转动此旋钮可调节指针对准"0"点（不能在"锁定开关"对着红点位置时调零）。

"锁定开关"：此小开关拨向左边红点时为锁定状态，使线圈短路呈过阻尼，以保护检流计免受震动的损伤。拨向右边白点时为使用状态，指针可以左右偏转。检流计用毕后，应将此开关拨向红点。

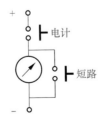

图 4-10 AC5 型指针式检流计

刻度盘：检流计"0"点在中间。

"短路"按钮：这是一个阻尼电键，当检流计指针摆动不停时，待其接近"0"点将此按钮按下，然后松开，这样反复操作几次，可使指针迅速停止在"0"位置，以节省测量时间，同时保护检流计。注意，上面讲的"锁定开关"与这个电键，虽然都利用了阻尼效应，但用处是不同的，前者是使检流计成为不使用状态，后者是使检流计处于使用状态使用的。

"电计"按钮：接通电桥电路按钮开关，按下时电路接通，松开时自动弹起，电路断开（调节电桥平衡时一般应采取"跃按"法，即一按一松，按下时观察检流计的偏转情况）。

3. 认识凯尔文电桥

1）认识凯尔文电桥测量原理

凯尔文电桥测量电路如图 4 - 11 所示。

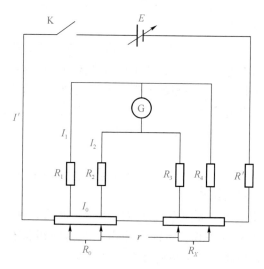

图 4 - 11　凯尔文电桥测量电路

图中，R_0 为标准低阻，R_X 为待测低阻。4 个比例臂电阻 R_1、R_2、R_3、R_4（具有双比例臂，这便是"双臂电桥"名称的由来）一般都有意做成几十欧姆以上的阻值，因此它们所在桥臂中接线电阻和接触电阻的影响便可忽略。两个低阻相邻电压接头间的电阻，设为 r，常称做"跨桥电阻"。当检流计 G 指零时，电桥达到平衡，于是由基尔霍夫定律可写出下面 3 个回路方程，即

$$\begin{cases} I_1 R_1 = I_0 R_0 + I_2 R_2 \\ I_1 R_3 = I_0 R_X + I_2 R_4 \\ (I_0 - I_2) r = I_2 (R_2 + R_4) \end{cases} \quad (4-1)$$

图中，I_1、I_0、I' 分别为电桥平衡时通过电阻 R_1、R_0、R' 的电流。

将式（4-1）整理，有

$$R_1 R_x = R_3 R_0 + (R_3 R_2 - R_1 R_4)\ \frac{r}{r + R_2 + R_4} \tag{4-2}$$

如果电桥的平衡是在保证 $R_3 R_2 - R_1 R_4 = 0$，即 $\dfrac{R_3}{R_1} = \dfrac{R_4}{R_2}$ 的条件下调得的，那么式（4-2）则简化为

$$R_x = \frac{R_3}{R_1} R_0 \tag{4-3}$$

从上述凯尔文电桥测量原理可知，利用电路支路电流和基尔霍夫定律可以列出相应的方程组求解电路所求的参数。

2）支路电流法的概念及解题步骤

（1）支路电流法的概念。

支路电流法是指以各支路电流为未知量，应用基尔霍夫定律和欧姆定律列出节点电流方程和回路电压方程，解出各支路电流，从而可确定各支路（或各元件）的电压及功率，这种解决电路问题的方法叫做支路电流法。

（2）支路电流法的解题步骤。

① 假定并标示各支路电流的参考方向和回路绕行方向（对于具有两个或两个以上电动势的回路，通常取值较大的电动势的方向为回路绕行方向）。

② 根据基尔霍夫电流定律（KCL）列出节点电流方程。对于具有 b 条支路、n 个节点的电路，可列出 $n-1$ 个独立的电路节点电流方程。

③ 根据基尔霍夫电压定律（KVL）列出独立回路的电压方程。对于具有 b 条支路、n 个节点的电路，可列出 $b-(n-1)$ 个独立的电压方程。

④ 代入已知数，解联立方程，求出各支路电流。

⑤ 根据计算结果确定支路电流的实际方向，求解其他参数。

（3）支路电流法应用举例。

【例 4-2】 如图 4-12 所示电路，已知 $E_1 = 42$ V，$E_2 = 21$ V，$R_1 = 12\ \Omega$，$R_2 = 3\ \Omega$，$R_3 = 6\ \Omega$。试求各支路电流 I_1、I_2、I_3。

解

① 假定并标示各支路电流的参考方向和回路绕行方向，如图 4-12 所示。

② 根据基尔霍夫电流定律列出节点电流方程。该电路节点数 $n = 2$，所以列出 1 个独立节点电流方程，即

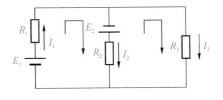

图 4-12　例 4-2 电路

$$I_1 = I_2 + I_3 \qquad \text{（任一节点）}$$

③ 根据基尔霍夫电压定律（KVL）列独立回路的电压方程。该电路支路 $b = 3$，节点数 $n = 2$，所以列出 2 个独立回路电压方程，即

$$R_1 I_1 + R_2 I_2 = E_1 + E_2 \qquad \text{（网孔 1）}$$

$$R_3 I_3 - R_2 I_2 = -E_2 \qquad \text{（网孔 2）}$$

④ 代入已知数，解联立方程，求出各支路电流，即

$$\begin{cases} I_1 = I_2 + I_3 \\ R_1 I_1 + R_2 I_2 = E_1 + E_2 \\ R_3 I_3 - R_2 I_2 = -E_2 \end{cases}$$

解得

$$\begin{cases} I_1 = 4 \text{ A} \\ I_2 = 5 \text{ A} \\ I_3 = -1 \text{ A} \end{cases}$$

⑤ 电流 $I_1 > 0$ 与 $I_2 > 0$，表明它们的实际方向与图中所标定的参考方向相同，$I_3 < 0$ 为负数，表明它们的实际方向与图中所标定的参考方向相反。

【例 4-3】 如图 4-13 所示为一个晶体三极管基本放大电路，R 忽略不计，已知 $V_{CC} = 12 \text{ V}$，$V_{BB} = 3 \text{ V}$；$R_C = 1.5 \text{ k}\Omega$，$R_B = 7.5 \text{ k}\Omega$；$I_C = 5.1 \text{ mA}$，$I_B = 0.2 \text{ mA}$。试求电阻 R_{bc} 和 R_{be} 的大小。

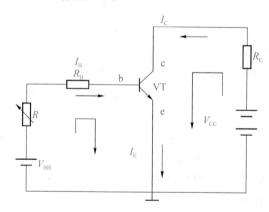

图 4-13 例 4-3 电路

解 在电路中标示出各支路电流的参考方向、回路的绕行方向。该电路支路数 $b = 3$，节点数 $n = 2$，列出节点电流方程和回路电压方程为

$$\begin{cases} I_B + I_C - I_E = 0 \quad (任一节点) \\ I_B R_B + I_E R_{be} = 3 \quad (网孔 1) \\ I_C R_{bc} + I_C R_C + I_E R_{be} - V_{CC} = 0 \quad (网孔 2) \end{cases}$$

将已知数值代入以上方程组中，求解得到

$$\begin{cases} R_{be} = 0.28 \text{ k}\Omega = 280 \ \Omega \\ R_{bc} = 0.56 \text{ k}\Omega = 560 \ \Omega \end{cases}$$

4. 认识叠加定理

1) 叠加定理的概念

当线性电路中有几个电源共同作用时，各支路的电流（或电压）等于各个电

源分别单独作用时在该支路产生的电流（或电压）的代数和（叠加）。

2）叠加定理的应用

（1）叠加定理只能用于计算线性电路（即电路中的元件均为线性元件）的支路电流或电压（不能直接进行功率的叠加计算）。

（2）电压源不作用时应视为短路，电流源不作用时应视为开路。

（3）叠加时要注意电流或电压的参考方向，正确选取各分量的正负号。

【例 4 - 4】　如图 4 - 14（a）所示电路，已知 $E_1 = 17$ V，$E_2 = 17$ V，$R_1 = 2\ \Omega$，$R_2 = 1\ \Omega$，$R_3 = 5\ \Omega$，试应用叠加定理求各支路电流 I_1、I_2、I_3。

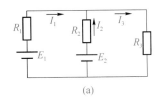 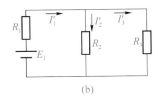 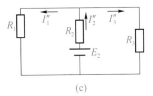

(a)　　　　　　　　　(b)　　　　　　　　　(c)

图 4 - 14　例 4 - 4 电路

解　① 当电源 E_1 单独作用时，将 E_2 视为短路，如图 4 - 14（b）所示。设 $R_{23} = R_2 /\!/ R_3 = 0.83\ \Omega$。

则

$$I_1' = \frac{E_1}{R_1 + R_{23}} = \frac{17}{2.83} = 6(\text{A})$$

$$I_2' = \frac{R_3}{R_2 + R_3} I_1' = 5(\text{A})$$

$$I_3' = \frac{R_2}{R_2 + R_3} I_1' = 1(\text{A})$$

② 当电源 E_2 单独作用时，将 E_1 视为短路，如图 4 - 14（c）所示。设：$R_{13} = R_1 /\!/ R_3 = 1.43\ \Omega$。

则

$$I_2'' = \frac{E_2}{R_2 + R_{13}} = \frac{17}{2.43} = 7(\text{A})$$

$$I_1'' = \frac{R_3}{R_1 + R_3} I_2'' = 5(\text{A})$$

$$I_3'' = \frac{R_1}{R_1 + R_3} I_2'' = 2(\text{A})$$

③ 当电源 E_1、E_2 共同作用时（叠加），若各电流分量与原电路电流参考方向相同时，在电流分量前面选取"+"号；反之，则选取"–"号。

$$I_1 = I_1' - I_1'' = 1\ \text{A}$$

$$I_2 = -I_2' + I_2'' = 2\ \text{A}$$

$$I_3 = I_3' + I_3'' = 3\ \text{A}$$

5. 认识戴维宁定理

任何一个复杂电路，如果只需要研究某一个支路中的电流、电压等，而不需要求其余支路的电流时，最简单的方法是利用戴维宁定理来进行计算。

1）二端网络的有关概念

电路也叫做电网络或网络。二端网络是指具有两个引出端与外电路相连，不管其内部结构如何的网络。二端网络按其内部是否含有电源，可分为无源二端网络和有源二端网络两种。

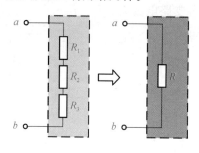

图 4-15 无源二端网络

（1）无源二端网络。

内部不含有电源的二端网络称为无源二端网络。一个由若干个电阻组成的无源二端网络可以等效成一个电阻，这个电阻叫做该二端网络的输入电阻，即从两个端点看进去的总电阻，如图 4-15 所示，$R = R_1 + R_2 + R_3$。

（2）有源二端网络。

内部含有电源的二端网络称为有源二端网络。该网络两端点之间开路时的电压叫做该二端网络的开路电压。

2）戴维宁定理

戴维宁定理：对外电路来说，一个线性有源二端网络可以用一个电源来代替，该电源的电动势 E_0 等于该二端网络的开路电压，其内电阻 R_0 等于该二端网络中所有电源不作用（即令电压源短路、电流源开路），仅保留其内阻时网络两端的等效电阻（输入电阻）。该定理又叫做等效电压源定理。

【例 4-5】 如图 4-16（a）所示电路，已知 $E_1 = 7 \text{ V}$，$E_2 = 6.2 \text{ V}$，$R_1 = R_2 = 0.2 \text{ Ω}$，$R = 3.2 \text{ Ω}$。试应用戴维宁定理求电阻 R 中的电流 I。

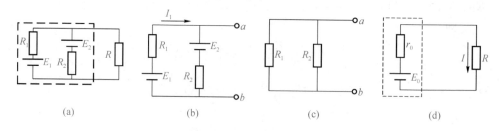

（a）　　　　　　　（b）　　　　　　　（c）　　　　　　　（d）

图 4-16 有源二端网络

解 ①将 R 所在支路开路去掉，如图 4-16（b）所示，开路电压 U_{ab} 为

$$I_1 = \frac{E_1 - E_2}{R_1 + R_2} = \frac{0.8}{0.4} = 2 (\text{A})$$

$$U_{ab} = E_2 + R_2 I_1 = 6.2 + 0.4 = 6.6 (\text{V}) = E_0$$

② 将电压源除去，仅保留电源内阻，如图 4-16（c）所示，等效电阻 R_{ab} 为

$$R_{ab} = R_1 /\!/ R_2 = 0.1\ \Omega = r_0$$

③ 画出戴维宁等效电路，如图 4-16（d）所示，求电阻 R 中的电流 I 为

$$I = \frac{E_0}{r_0 + R} = \frac{6.6}{3.3} = 2\ (A)$$

【例 4-6】　如图 4-17（a）所示的电桥电路，已知 $E = 8\ V$，$R_1 = 3\ \Omega$，$R_2 = 5\ \Omega$，$R_3 = R_4 = 4\ \Omega$，$R_5 = 0.125\ \Omega$。试应用戴维宁定理求电阻 R_5 中的电流 I。

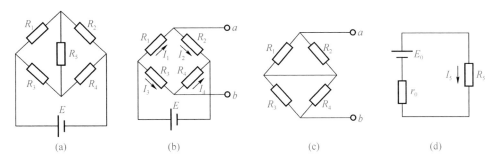

图 4-17　电桥电路

解　① 将 R_5 所在支路开路去掉，如图 4-17（b）所示，开路电压 U_{ab} 为

$$I_1 = I_2 = \frac{E}{R_1 + R_2} = 1\ A,\ \ I_3 = I_4 = \frac{E}{R_3 + R_4} = 1\ A$$

$$U_{ab} = R_2 I_2 - R_4 I_4 = 5 - 4 = 1(V) = E_0$$

② 将电压源短路去掉，如图 4-17（c）所示，等效电阻 R_{ab} 为

$$R_{ab} = (R_1 /\!/ R_2) + (R_3 /\!/ R_4) = 1.875 + 2 = 3.875(\Omega) = r_0$$

③ 根据戴维宁定理画出等效电路，如图 4-17（d）所示，电阻 R_5 中的电流为

$$I_5 = \frac{E_0}{r_0 + R_5} = \frac{1}{4} = 0.25(A)$$

3）两种电源模型的等效转换

电路正常工作需要有电源，对于负载来说，电源既可以看成是电压的提供者（电压源），又可以看成是电流的提供者（电流源）。

（1）电压源。

通常所说的电压源一般是指理想电压源，其基本特性是其输出电动势（或两端电压）保持恒定不变，但输出的电流是任意的。

理想电压源是不存在的。如图 4-18 所示，实际电压源都可以看成是理想电压源 E 与内阻 r_0 的串联组合。

（2）电流源。

通常所说的电流源一般是指理想电流源，其基本特性是其输出电流保持恒定不变，但输出的电压可以是任意的。

理想电流源也是不存在的。如图 4-19 所示，实际电流源都可以看成是理想电流源 I_S 与内阻 r_S 的并联组合。

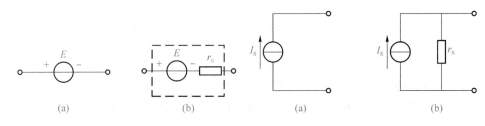

图 4-18 电压源模型   图 4-19 电流源模型

(3) 两种实际电源模型之间的等效变换。

实际电压源用一个理想电压源 E 和一个电阻 r_0 串联的电路模型表示，其输出电压 U 与输出电流 I 之间的关系为

$$U = E - r_0 I$$

实际电流源也可用一个理想电流源 I_s 和一个电阻 r_s 并联的电路模型表示，其输出电流 I 与输出电压 U 之间的关系为

$$I = I_s - \frac{U}{r_s}$$

对外电路来说，实际电压源和实际电流源是相互等效的，两者等效变换条件是

$$r_0 = r_s, \quad E = r_s I_s \text{ 或 } I_s = E/r_0$$

【例 4-7】 如图 4-20 所示的电路，已知电源电动势 $E = 6$ V，内阻 $r_0 = 0.1$ Ω，当接上 $R = 5.9$ Ω 负载时，分别用电压源模型和电流源模型计算负载消耗的功率和内阻消耗的功率。

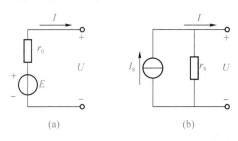

图 4-20 例 4-7 电路

解 ① 用电压源模型计算。

流过负载上的电流为

$$I = \frac{E}{r_0 + R} = 1 \text{ A}$$

负载消耗的功率为

$$P_L = I^2 R = 5.9 \text{ W}$$

内阻的功率

$$P_r = I^2 r_0 = 0.1 \text{ W}$$

② 用电流源模型计算。

电流源的电流 $I_s = E/r_0 = 60$ A，内阻 $r_s = r_0 = 0.1$ Ω

负载中的电流 $I = \frac{r_s}{r_s + R} I_s = 1$ A，负载消耗的功率 $P_L = I^2 R = 5.9$ W，

内阻中的电流 $I_r = \frac{R}{r_s + R} I_s = 59$ A，内阻的功率 $P_r = I_r^2 r_0 = 348.1$ W

可见，两种计算方法对负载是等效的，对两个电源内部却是不等效的。

【例 4-8】 如图 4-21 所示的电路，已知：$E_1 = 12$ V，$E_2 = 6$ V，$R_1 = 3$ Ω，

$R_2 = 6\,\Omega$，$R_3 = 10\,\Omega$。试应用电源等效变换法求电阻 R_3 中的电流。

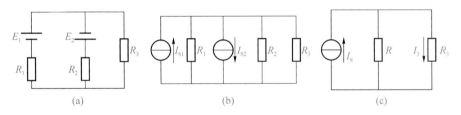

(a)   (b)   (c)

图 4 - 21   例 4 - 8 电路

解   ① 先将两个电压源等效变换成两个电流源，如图 4 - 21（b）所示，两个电流源的电流分别为

$$I_{S1} = E_1 / R_1 = 4\ \text{A}，\quad I_{S2} = E_2 / R_2 = 1\ \text{A}$$

② 将两个电流源合并为一个电流源，得到最简等效电路，如图 4 - 21（c）所示。等效电流源的电流为

$$I_S = I_{S1} - I_{S2} = 3\ \text{A}$$

其等效内阻为

$$R = R_1 \,/\!/\, R_2 = 2\ \Omega$$

③ 求出 R_3 中的电流为

$$I_3 = \frac{R}{R_3 + R} I_S = 0.5\ \text{A}$$

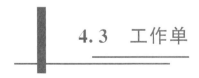

4.3   工作单

操作员：_____   "7S" 管理员：_____   记分员：_____

实训项目	（1）认识支路电流法，求解复杂直流电路参数； （2）验证基尔霍夫电压定律			
实训时间		实训地点		实训课时	2
使用设备	电工实验台、直流稳压电源 1 只、可调直流稳压电源 1 个、电流表（0～10 A）4 只、电阻 4 只、电阻箱 3 个、待测电阻板 1 块、稳压电源 1 个、开关 1 只、滑线变阻器 2 个、箱式电桥 1 只、检流计 1 只、导线若干				
制订实训计划					

名称	数量	名称	数量
电阻箱	3个	待测电阻板	1块
稳压电源	1个	开关	1只
滑线变阻器	2个	箱式电桥	1只
检流计	1只	导线	若干

实施 — **惠斯通电桥测电阻** — **操作步骤**

(1) 清点主要仪器（见表 4 - 2）。

表 4 - 2　主要仪器

(2) 按图 4 - 22 所示测量电路安置仪器、连接电路。

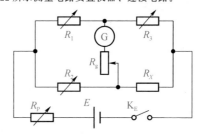

图 4 - 22　测量电路

(3) 测量电阻并测量电桥的灵敏度。

① 考察比例臂与电桥灵敏度的关系。

a. 检查线路。合上 K_E，接通电源，电源电压取 1.5 V，$R_1 = 200\ \Omega$，$R_2 = 200\ \Omega$，待测电阻取 200 Ω。

b. 逐渐减小 R_P（直到为零），如图 4 - 22 所示。

测量电路调节 R_3，使检流计指针指零，然后逐渐减小 R_g（直到为零），同时调节 R_3，使检流计指针再次指零，记录下 R_3 的值，填入表 4 - 3 中。

c. 改变 R_3 至 R_3'，使检流计指针偏转 1 格，记录下 $\Delta R_3/\Delta \theta$ 的值，其中
$$\Delta R_3 = |R_3 - R_3'|, \quad \Delta \theta = 1.0\ \text{div}$$

d. 使电源电压升高至 3.0 V 时，重复上述中的 a、b、c，读取检流计偏转格数，记入表 4 - 3 中。

e. 调节 $R_1 = 2\,000\ \Omega$，$R_2 = 2\,000\ \Omega$，重复上述中的 a、b、c，将数据填入表 4 - 3 中。

f. 调节 $R_1 = 200\ \Omega$，$R_2 = 20\ \Omega$，重复上述中的 a、b、c，将数据填入表 4 - 3 中。

g. 调节 $R_1 = 200\ \Omega$，$R_2 = 2\ \Omega$，重复上述中的 a、b、c，将数据填入表 4 - 3 中。

② 考察电压与电桥灵敏度的关系，将数据填入表 4 - 4 中。

(4) 用箱式电桥测电阻。

选择倍率分别为 1 : 1、1 : 10、10 : 1，测量待测电阻，调节 R_3，使检流计偏转一格，记下 R_3，将数据记录下来，表格自制。

(5) 列数据表格。

<table>
<tr><td rowspan="20">实施</td><td rowspan="10">惠斯通电桥测电阻</td><td rowspan="10">操作步骤</td><td colspan="10">表 4 - 3　考察比例臂与电桥灵敏度的关系</td></tr>
</table>

表 4 - 3　考察比例臂与电桥灵敏度的关系

U /V	G	R_1 /Ω	R_2 /Ω	R_3 /Ω	$\dfrac{\Delta R}{\Delta \theta}$/ (Ω·分度$^{-1}$)	S/ 分度	R_X /Ω	ΔR_X /Ω	$\dfrac{\Delta R_X}{R}$ /%
1.5V		2 000	2 000						
		200	200						
		200	20						
		200	2						

表 4 - 4　考察电压与电桥灵敏度的关系

U/V	G	R_1/Ω	R_2/Ω	R_3/Ω	$\dfrac{\Delta R_3}{\Delta \theta}$/ (Ω·分度$^{-1}$)	R_X/Ω	S/ 分度
3.0 V		2 000	2 000				
		200	200				

(6) 数据处理要求。

① 由计算的数据得出电桥的灵敏度、电源电压、比率的关系。

② 关于电阻箱及电桥的误差计算。

最大仪器误差：

$$\Delta R = R\alpha \%$$

式中　$\alpha \%$——电阻箱或电桥的准确度；

　　　　α——电阻箱或电桥的等级。

所使用的 ZX21 型、ZX36 型电阻箱都是 0.1 级的。如一个电阻示值 $R = 10.2\ \Omega$，则

$$\Delta R = 10.2 \times 0.1\% = 0.010(\Omega)$$

认识支路电流法，求解复杂直流电路参数　操作步骤

(1) 按图 4 - 23 所示实验线路接线，测试支路电流 I_1、I_2、I_3、I_4，将测试结果填入表 4 - 5 中。

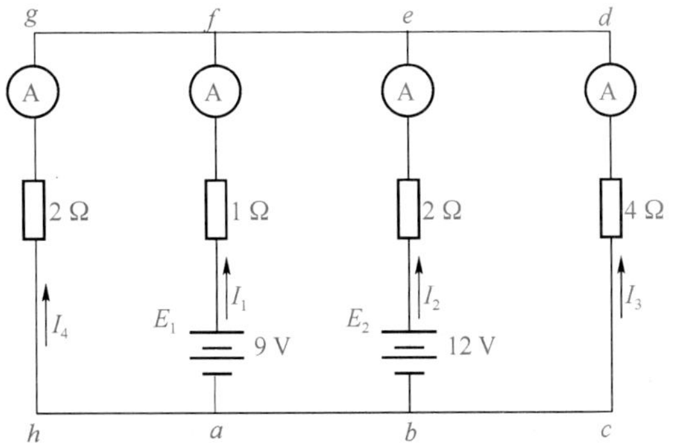

图 4 - 23　接线图

			表 4-5 数据记录表			

认识支路电流法，求解复杂直流电路参数 | 操作步骤

被测参数	I_1/A	I_2/A	I_3/A	I_4/A
测量值				
计算值				
验证结果				
结论				

（2）验证支路电流法的正确性。

（3）实验注意事项。

① 注意电路设计的科学合理性。

② 确保电流表的正确使用，注意使用安全事项。

③ 正确应用支路电流法求解复杂直流电路支路电流，正确确定支路数和节点数，合理选择参考方向，正确列出节点电流方程和独立回路电压方程，正确求解方程组各支路电流

实施

验证基尔霍夫电压定律 | 操作步骤

（1）按实训图 4-24，用导线将 3 个电流接口（X_1-X_2、X_3-X_4、X_5-X_6）短接，测量时选择绕行方向，注意电压表的指针偏转方向及取值的正与负。

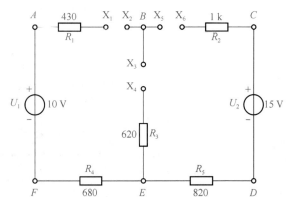

图 4-24 实训图

（2）将测量结果填入表 4-6 中。

表 4-6 数据记录表

类型	U_{AB}	U_{BE}	U_{EF}	U_{FA}	回路 $\sum U$	U_{BC}	U_{CD}	U_{DE}	U_{EB}	回路 $\sum U$
计算值										
测量值										
误差										

续表

评价	项目评定	根据项目器材准备、实施步骤、操作规范3个方面评定成绩
	学生自评	根据评分表打分
	学生互评	互相交流，取长补短
	教师评价	综合分析，指出好的方面和不足的方面

项目评分表

本项目合计总分：＿＿＿＿＿＿

1. 功能考核标准（90分）

工位号＿＿＿＿＿＿　　　　　　　　　　　　　　　成绩＿＿＿＿＿＿

项目	评分项目	分值		评分标准	得分
器材准备	实训所需器材	30		准备好实验所需器材得30分，少准备一种器材扣3分	
实施过程	惠斯通电桥测电阻		20	(1) 能按照实训电路完成接线得5分； (2) 实验数据正确得10分； (3) 数据处理正确得5分	
	认识支路电流法，求解复杂直流电路参数	60	20	(1) 能按照实训电路完成接线得5分； (2) 实验数据正确得10分； (3) 结论总结到位得5分	
	验证基尔霍夫电压定律		20	(1) 能按照实训电路完成接线得10分； (2) 实验数据正确得10分	

2. 安全操作评分表（10分）

工位号＿＿＿＿＿＿　　　　　　　　　　　　　　　成绩＿＿＿＿＿＿

项目	评分点	配分	评分标准	得分
职业与安全知识	完成工作任务的所有操作是否符合安全操作规程	5	符合要求得5分，基本符合要求得3分，一般得1分	
	工具摆放、包装物品等的处理是否符合职业岗位的要求	3	符合要求得3分，有两处错得1分，两处以上错得0分	
	遵守现场纪律，爱惜现场器材，保持现场整洁	2	符合要求得2分，未做到扣2分	

项目	加分项目及说明	加分
奖励	整个操作过程中对现场进行"7S"现场管理和工具器材摆放规范到位的加10分； 用时最短的3个工位（时间由短到长排列）分别加3分、2分、1分	

项目	扣分项目及说明	扣分
违规	违反操作规程使自身或他人受到伤害的扣10分； 不符合职业规范的行为，视情节扣5～10分； 完成项目用时最长（时间由长到短排列）的3个工位分别扣3分、2分、1分	

4.4　课后练习

1. 填空题

（1）支路电流法就是以_____为未知量，依据_____列出方程式，然后解联立方程得到_____的数值。

（2）用支路电流法解复杂直流电路时，应先列出_____个独立节点电流方程，然后再列出_____个回路电压方程（假设电路有 n 条支路、m 个节点且 $n>m$）。

（3）根据支路电流法解得的电流为正值时，说明电流的参考方向与实际方向_____；电流为负值时，说明电流的参考方向与实际方向_____。

（4）某支路用支路电流法求解的数值方程组如下：

$$\begin{cases} I_1 + I_2 + I_3 = 0 \\ 5I_1 - 20I_2 - 20 = 0 \\ 10 + 20I_3 - 10I_2 = 0 \end{cases}$$

则该电路的节点数为_____，网孔数为_____。

（5）任何具有两个出线端的部分电路都称为_____，其中若包含电源则称为_____。

（6）一有源二端网络，测得其开路电压为 6 V，短路电流为 3 A，则等效电压源为 $U_S=$_____ V，$R_0=$_____ Ω。

（7）在具有几个电源的_____电路中，各支路电流等于各电源单独作用时所产生的电流_____，这一定理称为叠加定理。

（8）U_{S1} 单独作用，U_{S2} 不起作用，含义是使 U_{S2} 等于_____，但仍接在电路中。

（9）叠加定理是对_____和_____的叠加，对_____不能进行叠加。

2. 选择题

（1）在图 4-25 所示电路中，节点数与网孔数分别为（   ）个。

A. 4，3　　　　　　　　　B. 3，3　　　　　　　　　C. 3，4

（2）在图 4-25 所示电路中，下面结论正确的是（   ）。

A. $I_6 = 0$　　　　　　　　B. $I_6 = I_2 + I_4 + I_1 + I_3$　　　C. $I_6 = I_5$

（3）在图 4-26 所示电路中，如将 I_2 参考方向改为 d 指向 e，下面结论正确的是（   ）。

　　A. $I_1 - I_2 - I_3 = 0$　　　　B. $I_1 + I_2 + I_3 = 0$　　　C. $I_1 + I_2 - I_3 = 0$

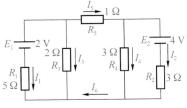

图 4-25 电路（一）

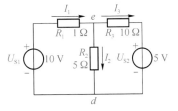

图 4-26 电路（二）

　　（4）在图 4-27 所示电路中，如将 I_1 参考方向改为 e 指向 g，下面结论正确的是（   ）。

　　A. $I_1 R_1 - I_2 R_2 = U_{S1}$

　　B. $-I_1 R_1 + I_2 R_2 = U_{S1}$

　　C. $-I_1 R_1 - I_2 R_2 = U_{S1}$

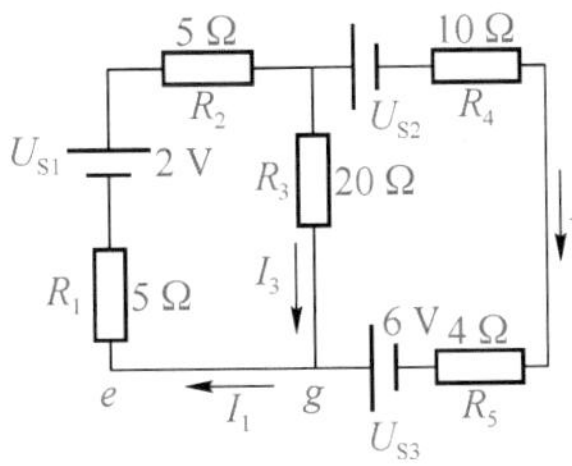

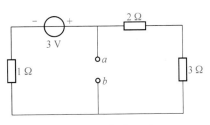

3. 判断题

（1）用支路电流法解出的电流为正数，则解题正确；否则解题错误。　　　　　　　　（   ）

图 4-27 电路（三）

（2）网孔的电压平衡方程式是独立的，非网孔的回路电压平衡方程式不独立。　　　　　　　　　　　　　　　　　　　　　　（   ）

（3）网孔电流就是支路电流，支路电流就是网孔电流。　（   ）

（4）网孔方程实质上是 KVL 方程，在列方程时应把电流源电压考虑在内。　　　　　　　　　　　　　　　　　　　　　（   ）

（5）图 4-28 所示电路为有源二端网络，用戴维宁定理求等效电压源时，其等效参数 $U_S = 2\,\text{V}$，$R_0 = 3\,\Omega$。　　　（   ）

（6）求电路中某元件的功率时，可用叠加定理。　　　　　　　　　　　　（   ）

（7）对电路含有电流源 I_S 的情况，说

图 4-28 电路（四）

电流源不起作用，意思是它不产生电流，$I_S=0$ 在电路模型上就是电流源开路。

（　　）

4. 计算题

（1）如图 4-29 所示电路，用支路电流法求各支路电流。

（2）如图 4-30 所示电路，用支路电流法求各支路电流。

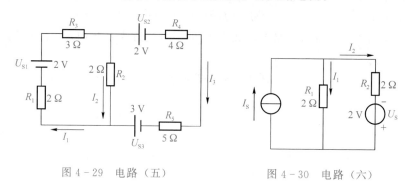

图 4-29　电路（五）　　　　　　　图 4-30　电路（六）

（3）如图 4-31 所示电路，试求戴维宁等效电路。

（4）如图 4-32 所示电路，试求戴维宁等效电路。

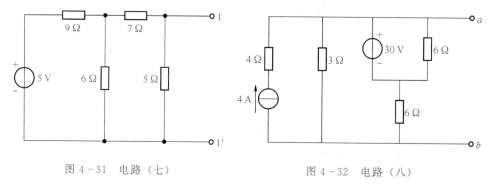

图 4-31　电路（七）　　　　　　　图 4-32　电路（八）

（5）如图 4-33 所示电路，试用叠加定理求 4 Ω 电阻上的电流 I、电压 U。

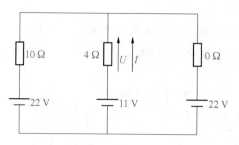

图 4-33　电路（九）

项目 5　识别与检测电容器

电容器在电路中具有隔断直流电、通过交流电的作用。在电子设备中起到整流器的平滑滤波、电源和退耦、交流信号的旁路、交直流电路的交流耦合及信号调谐（选择电台）等作用。它是电子设备中不可缺少的基本元件。

本项目主要介绍电容器的种类、主要参数、充放电原理及检测方法等内容，为后面分析各种电工电子电路奠定必要的基础。

5.1　任务书

5.1.1　任务单

项目 5	识别与检测电容器	工作任务	(1) 认识电容器；(2) 判断代换电容器	
学习内容	(1) 认识电容器；(2) 认识电容器的作用；(3) 认识电容器参数；(4) 判断代换电容器		教学时间/学时	6
学习目标	(1) 了解电容器的基本结构和符号，能用目视法判断、识别常见电容器的种类，能说出各种电容器的名称；对电容器上标识的主要参数能正确识读； (2) 了解电容器的作用和用途，掌握电容器充放电的基本工作方式； (3) 掌握使用万用表对各种类型电容器进行测量的方法，并对其质量进行判断； (4) 会查阅有关技术资料和工具书，能正确进行电容器的拆装、焊接等操作			
思考题	(1) 有人说："电容器带电多电容就大，带电少电容就小，不带电则没有电容。"这种说法对吗？为什么？ (2) 电容的单位是_____，比它小的单位是_____和_____，它们之间的换算关系为：_____ (3) 电容器有哪些命名方法？			

5.1.2 资讯途径

序号	资讯类型
1	上网查询
2	电容器的识别方法相关资料
3	指针式万用表和数字式万用表使用说明书

5.2 学习指导

5.2.1 训练目的

（1）认识常见电容器，了解电容器的结构，知道电容单位并能进行换算。

（2）通过实验了解电容器的隔直流、通交流及通高频、阻低频的特点。

（3）能快速识别电视机电路板上固定电容器的类别、容量大小、额定耐压和允许误差。

（4）能用万用表对电容器进行质量检测，判断电容器的好坏和质量。

5.2.2 训练重点及难点

（1）认识电容器。

（2）判断代换电容器。

5.2.3 识别与检测电容器的相关理论知识

1. 认识电容器

电容器是一种储存电荷的"容器"，简称电容，是电气设备中的一种重要元件。在电子技术、电工技术等领域中有很重要的应用，广泛应用于电路中的隔直通交、耦合、旁路、滤波、调谐回路、能量转换、控制等方面。图5-1所示为常用电容器。

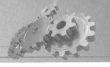

图 5-1　常见的电容器

1）最早问世的旧式电容器

1746 年，荷兰莱顿大学的物理学教授马森布罗克（Pieter von Musschen，1692—1761）在克莱斯特发现的启发下发明了收集电荷的"莱顿瓶"，如图 5-2 所示。

(a)　　　　　　　　　　　(b)

图 5-2　莱顿瓶及其发明者

(a) 马森布罗克，(b) 莱顿瓶（Leyden Jar）

当他看到好不容易获得的电却很容易地在空气中逐渐消失，便想寻找一种保存电的方法。有一天，他用一支枪管悬在空中，用起电机与枪管连着，另用一根铜线从枪管中引出，浸入一个盛有水的玻璃瓶中，他让一个助手一只手握着玻璃瓶，马森布罗克在一旁使劲摇动起电机。这时他的助手不小心将另一只手与枪管碰上，他猛然感到一阵强烈的电击，喊了起来。马森布罗克于是与助手互换了一下，让助手摇起电机，他自己一手拿水瓶子，另一只手去碰枪管。

"我想告诉你一个新奇但是可怕的实验事实，但我警告你无论如何也不要再重复这个实验。把容器放在右手上，我试图用另一只手从充电的铁柱上引出火花。突然，我的手受到了一下力量很大的冲击，使我的全身都震动了，……手臂和身体产生了一种无法形容的恐怖感觉。一句话，我以为我命休矣。"

虽然马森布罗克不愿再做这个实验，但他由此得出结论：把带电体放在玻璃瓶内可以把电保存下来。只是当时搞不清楚起保存电作用的究竟是瓶子还是瓶子里的水，后来人们就把这个蓄电的瓶子称为"莱顿瓶"，这个实验称为"莱顿瓶实验"。这种"电震"现象的发现轰动一时，极大地增加了人们对莱顿瓶的关注（见图5-3）。

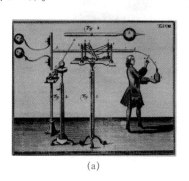 

| (a) | (b) |

图5-3　莱顿瓶实验

（a）莱顿大学的教授马森布罗克在收集电；（b）"修道士的舞蹈"实验

马森布罗克的警告起了相反的作用，人们在更大规模地重复进行着这种实验，有时这种实验简直成了一种娱乐游戏。人们用莱顿瓶作火花放电杀老鼠的表演，有人用它来点酒精和火药，有人利用它帮助乡村农户屠宰牲畜，还有一些人则用它搞"恶作剧"，让人在毫无防备的情况下触电出洋相。其中规模最壮观的一次示范表演是法国人诺莱特在巴黎圣母院前做的。诺莱特邀请了法王路易十五的皇室成员临场观看表演。他调来了700个修道士，让他们手拉手排成一行，全长达900英尺（1英尺＝0.304 8米），约275 m，队伍十分壮观。让排头的修道士用手拿住莱顿瓶，排尾的修道士手握莱顿瓶的引线，接着让莱顿瓶起电，结果700个修道士在一瞬间同时遭受电击，人们惊恐万状，裂裳飞舞，皇帝看到这种情形乐不可支，在场的人无不为之目瞪口呆。诺莱特以令人信服的语气向人们解释了电的巨大威力。后来人们知道，电以光的速度传输，修道士撒开手至少在0.1 s以后，因而"莱顿瓶"通过人体放电，无人能够幸免。

2）电解电容器的制造流程（见表5-1）

表5-1　电解电容器的制造流程

序号	工序	示意图			
1	裁断工序	材料	目的	检查项目	成品
		化成箔	将化成箔根据电容产品的容量大小，裁切成所需设计的宽度	（1）毛制 （2）外观 脏污 波浪	裁切

续表

序号	工序	示意图			
2	加缔工序	**材料** 导线棒	**目的** 将导线棒压钉在铝箔上，作为极性引出的引线	**检查项目** （1）加缔阻抗 （2）加缔尺寸 （3）加缔厚度	**成品** 加缔正、负箔
3	卷取工序	**材料** 正、负箔及电解纸	**目的** 将加缔的正、负箔之间放入绝缘纸（电解纸），绕成素子（圆柱状），以隔离正、负极	**检查项目** （1）素子铝箔是否外露 （2）素子直径 （3）素子脚距尺寸	**成品** 素子
4	含浸工序	**材料** 含浸前素子	**目的** 利用抽真空设备把含浸液注入，让含浸液能渗透到素子内部	**检查项目** 确认含浸液面高度	**成品** 含浸后的素子
5	组立工序	**材料** 橡皮及外壳	**目的** 投入外壳与橡皮材料将素子组装，避免素子内部电解液干涸	**检查项目** （1）封口尺寸 （2）制品高度 （3）确认极性	**成品** 组装制品
6	仕上工序	**材料** 胶管	**目的** 给组装完成的制品上胶管，胶管上标示出该制品的系列、规格、极性与绝缘功能等信息	**检查项目** 外观、收缩状况	**成品** 制品

序号	工序	示意图			
7	老化工序	**材料** 老化机	**目的** 对组装完成后的制品施加老化电压,让制品特性安定化	**检查项目** (1) 容量 (2) 损失 (3) 漏泄电流	**成品** 制品
8	加工工序	**材料** 热熔胶带及台纸	**目的** 依客户要求的脚形,给予加工作业,如切脚、整形及贴附等	**检查项目** (1) 脚距 (2) 切脚尺寸 (3) 贴附尺寸	**成品** Taping 加工

3) 电容器的结构和符号

(1) 电容器的结构 (见图 5-4)。

通过解剖生活中常见的电解电容来观察电容的结构。

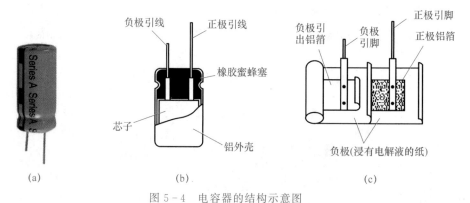

(a)　　　　　　　(b)　　　　　　　(c)

图 5-4 电容器的结构示意图

(a) 电解电容；(b) 电解电容各部分名称；(c) 电解电容内部结构

① 平行板电容器 (见图 5-5 和图 5-6)。电容器是由两片平行板导体中间夹以绝缘材料制成。平行板称为极板,绝缘材料称为电介质。

② 多片平行板电容器,云母电容器、调谐用的空气式可变电容器采用该结构。

在实际电容器中,两个平行极板可以做成各种形状,这主要是为了改变极板的横截面积。

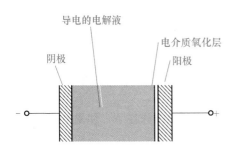

图5-5 平行板电容器的结构

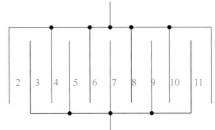

图5-6 多片平行板电容器的结构

（2）常见电容器的符号（见图5-7）。

符号：两条竖直线表示电容器的引出线，两条水平线表示电容器的两块极板。

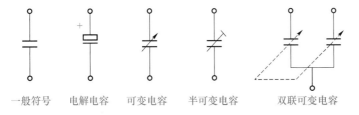

一般符号　　电解电容　　可变电容　　半可变电容　　　双联可变电容

图5-7 电容器符号

4）电容器的种类

电容器的种类很多，根据电容分类标准的不同，分类结果也不一样，表5-2列出了常见的分类方法及分类结果。

表5-2 电容器的分类

分类标准	分类结果				
结构	固定电容器		可变电容器		微调电容器
电解质	有机介质电容器	无机介质电容器	电解电容器		空气介质
制造材料	瓷介电容	涤纶电容	电解电容	钽电容	聚丙烯电容

5）影响电容量的因素

电容器既然是一种储存电荷的"容器"，就必然会有"容量"大小的问题。为了衡量电容器储存电荷的能力，于是确定了电容量这个物理量。国际上统一规定，给电容器外加 1 V 直流电压时，它所能储存的电荷量为该电容器的电容量，用字母 C 表示。

电容量的基本单位为法拉。它是指在 1 V 直流电压作用下，如果电容器储存的电荷为 1 C，电容量就被定为 1 法拉，法拉用符号 F 表示。在实际应用中，电容器的电容量往往比 1 F 小得多，常用较小的单位，如微法（μF）、皮法（pF）等，它们的关系是：

$$1 \text{ 法拉（F）} = 10^6 \text{ 微法（}\mu\text{F）}$$
$$1 \text{ 微法（}\mu\text{F）} = 10^6 \text{ 皮法（pF）}$$

一个电容存储的电荷量取决于 3 个因素：

① 电容器两片极板的面积。

② 电容器两片极板间的距离。

③ 两片极板之间材料的介电常数。

平行板电容器的极板面积越大，极板间的距离越小，材料的介电常数越大，则电容量就越大。

电容量 C 在数值上等于在单位电压的作用下，极板上存储的电荷量，有

$$Q = CU$$

$$C = \frac{Q}{U}$$

式中　C——电容，F，常用单位还有 μF、nF、pF 等。

　　　Q——电荷量，C；

　　　U——电压，V。

电容器容量同两片极板的面积、两片极板间的距离、两片极板之间材料的介电常数之间存在以下关系，即

$$\varepsilon = \varepsilon_0 \varepsilon_1$$

$$C = \frac{\varepsilon_0 \varepsilon_1 A}{l}$$

式中　C——电容量，F；

　　　A——电容器极板面积，m^2；

　　　l——极板间的距离，m；

　　　ε_1——相对介电系数；

　　　ε_0——真空介电常数，$\varepsilon_0 = 8.85 \times 10^{-12}$ F/m。

2. 认识电容器的作用

1）电容器"隔直流、通交流"

在 Multisim 仿真软件中，制作了图 5-8 至图 5-11 共 4 张电路图并进行仿真。

图 5-8 是在直流照明电路中串联了一只电容，当闭合开关后，看到小灯泡闪亮一下后就不再亮了。这说明了直流电流不能流过电容器。

图 5-9 到图 5-11 与图 5-8 相比较，只是将直流电源更换成交流电源，这 3 张图都是在开关闭合后灯泡就亮了。这说明交流电流能够通过电容器。

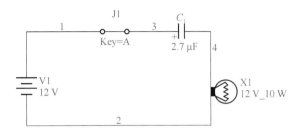

图 5-8　电容在直流照明电路中

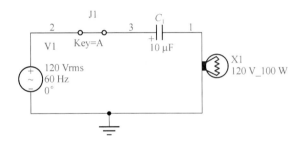

图 5-9　电容在 60 Hz 交流照明电路中

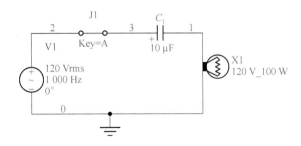

图 5-10　电容在 1 000 Hz 交流照明电路中

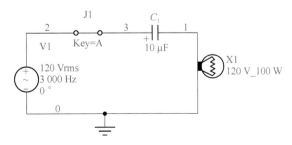

图 5-11　电容在 3 000 Hz 交流照明电路中

从上述实验结论可以知道电容器的一个重要特性，即电容器能"隔直流、通交流"。

再来观察图 5-9 到图 5-11，可以发现虽然电源电压都是 120 V 的交流电，但是灯泡的亮度却不相同，电源的频率越高，灯泡的亮度越亮。这说明了电容器在交流电路中对于频率越高的电流阻碍越小；反之，对于频率越低的电流阻碍越大。

这就是电容的另外一个特性，对于交流电流而言，电容器是"通高频、阻低频"。

2）电容器的储能作用

（1）电容能够储存电能。

在 Multisim 仿真软件中，制作了图 5-12 所示的电路图，图中电容器、万用表 2 与灯泡串联在直流电路中，万用表 1 并联在电容 C_1 两端用于测量电容两端的电压。通过仿真来观察现象。

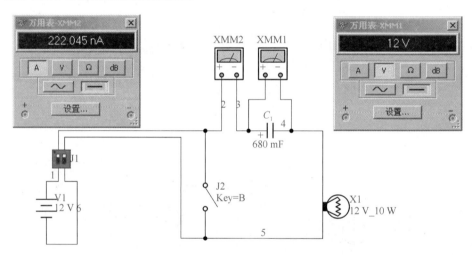

图 5-12　验证电容器的储能实验电路

① 闭合开关 J1，断开开关 B，单击"仿真"按钮。通过观察，灯泡瞬间变亮后变暗直至不亮，发现电流表示数由大逐渐变小，电压表示数由小逐渐变大。

在这个过程中，电源通过灯泡负载对电容进行充电，这是电容器获得电场能的过程。

② 断开开关 J1，闭合开关 B。通过观察，发现灯泡由亮变暗直至不亮，发现电流表示数呈现负值由大逐渐变小，电压表示数由大逐渐变小。

将电容器与电源并联，电流首先达到最大，然后慢慢减小到零。

在这个过程中，电容通过灯泡负载进行放电，这是电容器的电场能转变为电能的过程。

通过上面实验可以知道，电容在电路中没有消耗电能，它只是把电能转变为电场能存储起来，在条件满足的情况下，再将电场能转变为电能。所以说，电容是储能元件。

（2）电容器的充电和放电规律。

通过实验中的数据观察可以发现：

① 电容器在充电过程中，电容两端电压为 0 V，此时充电电流大，随着电容两端的电压逐步升高，充电电流减小。

② 电容器在放电过程中，电容两端电压为最高，此时放电电流大，随着电容两端的电压逐渐降低，放电电流减小。

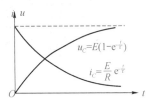

$$u_C = E(1 - e^{-\frac{t}{\tau}})$$

$$i_C = \frac{E}{R} e^{-\frac{t}{\tau}}$$

图 5 - 13　电容器特性曲线

电容器的充电电流和放电电流与电压的关系见图 5 - 13。

3. 认识电容器的参数

1）电容器的型号命名和标识

图 5 - 14 是常见电容器，在这些电容器上，都出现了相同或不相同的标识，这些标识的意义是什么呢？可以提供哪些信息呢？

图 5 - 14　常见电容器上的标识

（1）电容器的型号标识。

如图 5 - 15 所示，国产电容器的标识通常由四部分组成。

第一部分表示电容器主称，用字母 C 表示。

第二部分表示电容器的介质材料，用字母表示。

第三部分表示元件分类，一般用数字表示，个别的用字母表示。

第四部分表示元件序号，用数字表示。

在国产电容器的型号标识中，第一部分 C 是没有变化的，第四部分产品序号对实际应用影响不大，可不必掌握。第二部分字母代表的意义如表 5 - 3 所示。

第三部分代表的意义如表 5 - 4 所示。

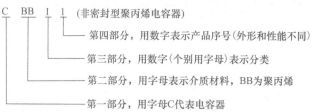

C BB I 1 (非密封型聚丙烯电容器)
　　　　└── 第四部分，用数字表示产品序号(外形和性能不同)
　　　└──── 第三部分，用数字(个别用字母)表示分类
　　└────── 第二部分，用字母表示介质材料，BB为聚丙烯
　└──────── 第一部分，用字母C代表电容器

图 5-15　国产电容器的型号标识组成

表 5-3　第二部分介质材料字母表示的意义

字母	电容介质材料	字母	电容介质材料
A	钽电容	L（LS等）	涤纶等极性有机薄膜（常在 L 后再加一字母，以区分具体材料）
B（BB、BF）	聚苯乙烯等非极性薄膜（常在 B 后再加一字母区分具体材料）	N	铌电解
C	高频陶瓷	O	玻璃膜
D	铝电解（普通电解）	Q	漆膜
E	其他材料电解	S/T	低频陶瓷
G	合金电解	V/X	云母纸
H	纸膜复合	Y	云母
I	玻璃釉	Z	纸质
J	金属化纸介		

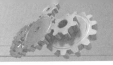

表 5-4　数字分类表示的意义

数字或字母	瓷介电容	云母电容	有机电容	电解电容
1	圆形	非密封	非密封	箔式
2	管形	非密封	非密封	箔式
3	叠片	密封	密封	烧结粉，非固体
4	独石	密封	密封	烧结粉，固体
5	穿心	—	穿心	—
6	支柱等	—	—	—
7	—	—	—	无极性
8	高压	高压	高压	—
9	—	—	特殊	特殊
G	高功率			
T	叠片式			
W	微调型			
J	金属化型			
Y	高压型			

（2）普通电容器的标识法如图 5-16 所示。

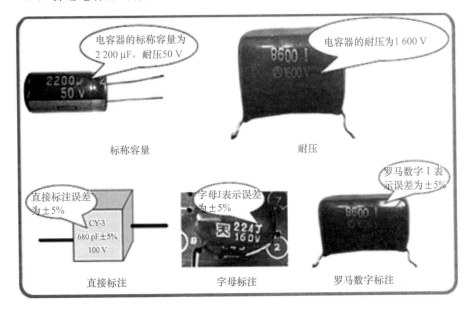

图 5-16　电容器参数的各种标注方法

① 直标法。直标法将主要技术指标直接标注在电容器表面，尤其是体积较大的电容器。

一般情况下，标称容量、额定电压及允许偏差这 3 项参数大都标出，当然，也有体积太小（如小容量瓷介电容、钽电容等）的电容仅标注容量这一项。

标注较齐的电容通常有标称容量、额定电压、允许偏差、电容型号、商标、工作温度及制造日期等。

电容的容量单位有皮法（pF）、纳法（nF）、微法（μF）。

其他单位关系如下：1 F＝1 000 mF，1 mF＝1 000 μF，1 μF＝1 000 nF，1 nF＝1 000 pF。

直标法采用简略方式时，不标注容量单位。这时有效数字小于 1 的用 μF 作单位；有效数字在 10 000 以下（9 999 ≥有效数字 ≥1）用 pF 作单位。

例如，1.2、10、100、1 000、3 300、6 800 等容量单位均为 pF，0.1、0.22、0.47、0.01、0.022、0.047 等容量单位均为 μF。

② 数码标注法。数码标注法一般为 3 位数码表示电容器的容量，其中前两位数码为电容量的有效数字，第三位表示倍乘数，单位为 pF。

例如，101 表示 $10×10^1$ pF＝100 pF；102 表示 $10×10^2$ pF＝1 000 pF；103 表示 $10×10^3$ pF＝0.01 μF；104 表示 $10×10^4$ pF＝0.1 μF；223 表示 $22×10^3$ pF＝0.022 μF；474 表示 $47×10^4$ pF＝0.47 μF。

注意：用数码标注法表示电容量时，若第三位数码是"9"时，则表示电容量是前两位有效数字乘以 10^{-1}，而不是 10^9，如 159 表示 $15×10^{-1}$ pF＝1.5 pF。

③ 字母标注法。这是国际电工委员会推荐标注的方法，使用的标注字母有 4 个，即 p、n、μ、m，分别表示 pF、nF、μF、mF，用 2～4 个数字和一个字母表示电容量，字母前为容量的整数，字母后为容量的小数。电容标注中的小数点也可用 R 表示。如 R56 μF 就是 0.56 μF。

例如，1p2 表示 1.2 pF；1n 表示 1 000 pF；10n 表示 0.01 μF；2μ2 表示 2.2 μF；3n9 表示 3.9 nF。

④片状电容器的标识法。

a. 片状陶瓷电容器标示法。有些厂家在片状电容器表面印有英文字母及数字，它们均代表特定的数值，只要查到相关表格就可以估算出电容值，详见表 5-5、表 5-6。

表 5-5　片状电容器容量系数表

字母	A	B	C	D	E	F	G	H	J	K	L
容量系数	1.0	1.1	1.2	1.3	1.5	1.6	1.8	2.0	2.2	2.4	2.7
字母	M	N	P	Q	R	S	T	U	V	W	X
容量系数	3.0	3.3	3.6	3.9	4.3	4.7	5.1	5.6	6.2	6.8	7.5
字母	Y	Z	a	b	c	d	e	f	m	n	t
容量系数	8.2	9.1	2.5	3.5	4.0	4.5	5.0	6.0	7.0	8.0	9.0

表 5 - 6　片状电容器容量倍率表（pF）

数字	0	1	2	3	4	5	6	7	8	9
容量倍率	10^0	10^1	10^2	10^3	10^4	10^5	10^6	10^7	10^8	10^9

例如，A3，从系数表中查知字母 A 代表的系数为 1.0，从倍率表中查知数字 3 表示容量倍率为 10^3，由此可知该电容值为 $1.0 \times 10^3 = 1\ 000$ pF。

b. 片状电解电容器标示法。片状电解电容的代码中需要标注的参数主要为容量和耐压值，如图 5 - 17 所示。

图 5 - 17　电容的标识

例如，100 代表电解电容的容量为 100 μF，额定电压为 6.3 V，黑色指示条标明此端为电解电容的负极。

有些片状电解电容采用代码法，代码由 1 个字母和 3 个数字组成，字母标示电解电容的额定电压，3 个数字表示电容量，单位为 pF。其中 1、2 位数字标明电容量的有效数字，第 3 位数字代表倍率。

2）认识电容器的主要参数

电容器的主要参数见图 5 - 18。

电容器的参数很多，但在实际使用中一般只考虑电容量、工作电压和绝缘电阻，只有在一些有特殊技术要求的电路中，如谐振、振荡电路中，才考虑容量误差、高频损耗等参数。

图 5 - 18　电容上的参数

①标称电容量。标称电容量是指标注在电容器上的电容量，也是在 20 ℃时测定的电容器的容量值。

不同类别的电容有不同系列的标称值，某些电容的体积较小，常常不标单位，只标数值。实际电容的取值规则与电阻相同，一般也采用 E24、E12 和 E6 系列进行生产，见表 5-7。

表 5-7　电容器标称容量系列

系列	容差/%	标称值											
E24	±5	1.0	1.2	1.5	1.8	2.2	2.7	3.3	3.9	4.7	5.6	6.8	8.2
		1.1	1.3	1.6	2.0	2.4	3.0	3.6	4.3	5.1	6.2	7.5	9.1
E12	±10	1.0	1.2	1.5	1.8	2.2	2.7	3.3	3.9	4.7	5.6	6.8	8.2
E6	±20	1.0		1.5		2.2		3.3		4.7		6.8	

$$电容的标称容量 = 标称值 \times 10^n$$

② 额定电压。电容器的额定电压是指在规定温度范围内，电容器在电路中长期可靠地工作而不被击穿所允许的最高直流电压或交流电压的峰值。

所有电容都有额定电压参数，额定电压表示电容两端所允许施加的最大电压。如果施加的电压大于额定电压值，将损坏电容。

非电解电容的额定电压一般为几百伏，在电路图中没有标明，因为非电解电容的额定电压比实际电子电路的电源电压高很多。

电解电容的额定电压一般都会在电路中标明，如果没有指定，则需要选用额定电压高于电路工作电压的电容。

额定电压的等级有 6.3 V、10 V、16 V、25 V、32 V、50 V、63 V、100 V、160 V、250 V、400 V、450 V、500 V、630 V、1 000 V、1 200 V、1 500 V、1 600 V、1 800 V、2 000 V 等。

额定电压可能直接写在电容器上，或用英文字母标注在壳上。表 5-8 列出了英文字母代表的额定电压值。

表 5-8　英文字母表示的额定电压

英文字母	U/V	英文字母	U/V
a	500—	g	700—
b	125—	h	1000—
c	160—	u	250—
d	250—	v	350—
e	350—	w	500—
f	500—		

③允许误差（容差）。电容器的标称容量与实际容量总是存在着一定的偏差，称为误差。因这一误差是在国家标准规定的允许范围之内，故称为允许误差。电

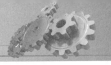

容器的允许误差可以用误差百分数表示，也可以用误差等级和字母表示。常见电容器的允许误差等级见表 5－9。

表 5－9 电容器标称容量允许误差等级

精密电容			普通电容			电解电容		
允许误差/％	字母表示	误差等级	允许误差/％	字母表示	误差等级	允许误差/％	字母表示	误差等级
±0.5	D	001	±5	J	Ⅰ	±30	N	Ⅳ
±1	F	01	±10	K	Ⅱ	(+50,−20)	S	Ⅴ
±2	G	02	±20	M	Ⅲ	(+100,−10)	P	Ⅵ

一般电容器常用Ⅰ、Ⅱ、Ⅲ级，电解电容器用Ⅳ、Ⅴ、Ⅵ级，实际中应根据用途选取。若电容器上为标注误差，则默认为±20％的误差。

4. 检测和代换电容器

如果电容器标注不清，怎样能够知道这个电容器的实际容量？如果怀疑电路中电容器出现故障，怎样判断它的好坏呢？

1）检测电容器

（1）利用指针式万用表可以检测电容器。

用指针式万用表测量电容器的依据是：万用表的电阻挡相当于有内阻的直流电源，可以对电容进行充电，随着时间推移，电容两端电压逐渐升高，充电电流逐渐下降，直到零。表 5－10 是利用指针式万用表检测电容器的挡位选择及测量情形对照表。

表 5－10 指针式万用表测量电容对照表

电容容量	选用挡位	指 针 偏 转	判断结论
10 pF 以下	$R×10$ kΩ	表针不动，交换表笔后仍旧不动	好
		万用表的指针一下向右摆到"0"之后，并不回摆	击穿
		表针向右摆动，不能回摆至"∞"	漏电
1 μF 以下	$R×10$ kΩ	表针向右摆动，然后迅速向左摆至"∞"	好
		万用表的指针一下向右摆到"0"之后，并不回摆	击穿
		表针向右摆动，不能回摆至"∞"	漏电
		表针不动，交换表笔后仍旧不动	失效或断路

续表

电容容量	选用挡位	指 针 偏 转	判断结论
1～10 μF	$R\times1\,k\Omega$	表针向右摆动，然后迅速向左摆至"∞"	好
		万用表的指针一下向右摆到"0"之后，并不回摆	击穿
		表针向右摆动，不能回摆至"∞"	漏电
		表针不动，交换表笔后仍旧不动	失效或断路
47 μF 以上	$R\times100\,\Omega$ 或 $R\times10\,\Omega$	表针向右摆动，然后迅速向左摆至"∞"	好
		万用表的指针一下向右摆到"0"之后，并不回摆	击穿
		表针向右摆动，不能回摆至"∞"	漏电
		表针不动，交换表笔后仍旧不动	失效或断路

注意：

① 电容在测量之前必须用导线短接放电。

② 当第一次测量后，交换表笔进行第二次测量，这时指针的摆动幅度大于第一次，但指针一般都会偏转到"∞"（电解电容所指示的漏电电阻值会大于 500 kΩ，若漏电电阻小于 100 kΩ，则说明该电容器已严重漏电，不宜继续使用）。

（2）用万用表判断电解电容器。

① 电解电容检测。通常，1～2.2 μF 电解电容器用 $R\times10\,k\Omega$ 挡，4.7～22 μF 的用 $R\times1\,k\Omega$ 挡，47～220 μF 的用 $R\times100\,\Omega$ 挡，470～1 000 μF 的用 $R\times10\,\Omega$ 挡，大于 1 000 μF 的用 $R\times1\,\Omega$ 挡。

② 判断正、负引线。电解电容器的容量大，两引出线有极性之分，长脚为正极，短脚为负极。在电路中，电容器的正极接电位较高的点，负极接电位较低的点，极性接错了，电容器有击穿爆裂的危险。外壳上用"＋"或"－"号分别表示正极或负极，靠近"＋"号的那一条引线就是正极，另外的一条引线就是负极，如图 5 - 19 所示。

具体方法：用红、黑表笔接触电容器的两引线，记住漏电电流（电阻值）的大小（指针回摆并停下时所指示的阻值），然后把此电容器的正、负引线短接一下，将红、黑表笔对调后再测漏电电流。以漏电流小的示值为标准进行判断，与黑表笔接触的那根引线是电解电容器的正极。

（3）用电容 ESR 表检测电容（见图 5 - 20）。

2）代换电容器

（1）电容器代换原则。

电容器经常出现问题的现象是漏电、短路、断路、电容量变小、击穿、电解液漏出、内部引线接触不全（极片及引线连接处）等，尤其是电解电容器，其问题率较其他种类电容器高得多。

图 5 - 19 电解电容器正、负极判别

图 5 - 20 电容 ESR 表

电容器损坏后应配用原型号参数。但电容器种类繁多，如果没有同型号参数更换时，应使用代换方法。代换原则如下：

① 代用电容器标称值可比原电容器标称值有 ±10% 浮动，对于电源滤波电容、旁路电容等其浮动范围还可大些。但对有些电路电容器在代换时必须按原标称值、否则将造成电路工作失常。例如，谐振电路，对于时间常数电路电容器就必须按原标称值代换。再如，电视机视放及显像管阴极耦合电容器，该电容器损坏后也必须按原标称值代换，否则将影响图像质量。

② 代用电容器额定电压必须不小于原电容器额定电压，或大于实际电路工作电压。

③ 代用电容器频率特征必须满足实际电路频率条件，或用高频特征电容器去代换低频特征电容器。

④ 云母电容器、瓷介电容器可代换纸介电容器；瓷介电容器可代换云母电容器与玻璃釉电容器；钢电解电容器可代换铝电解电容器。

（2）串联代换电容。

① 电容器的串联。与电阻的串联一样，将几个电容器首尾相连组成一个电路的连接方式，称为电容器的串联，如图 5 - 21 所示。

② 电容器串联电路的特点。

a. 电荷量特点。每个电容器带的电荷量相等，即

$$q_1 = q_2 = q_3 = q$$

b. 电压特点。总电压等于各个电容器上的电压之和，即

$$U = U_1 + U_2 + U_3$$

c. 电容特点。总电容的倒数等于各个电容器电容的倒数之和，即

$$\frac{1}{C} = \frac{1}{C_1} + \frac{1}{C_2} + \frac{1}{C_3}$$

实际应用中，当电容器的电容量较大，而耐压值小于外加电压时可采用将电容器串联的连接方法。

（3）并联代换电容。

① 电容并联。将几个电容器的一个极板连在一起，另一个极板也连在一起的连接方式，称为电容器的并联，如图5-22所示。

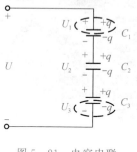

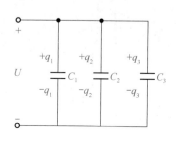

图5-21　电容串联

图5-22　电容并联

② 电容器并联电路的特点。

a. 电压特点。每个电容器两端的电压相等，并等于外加电压，即

$$U=U_1=U_2=U_3$$

b. 电荷量特点。总电荷量等于各个电容器的带电荷量之和，即

$$q=q_1+q_2+q_3$$

c. 电容特点。总电容等于各个电容器的电容之和，即

$$C=C_1+C_2+C_3$$

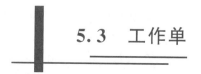

5.3　工作单

操作员：_____　　　"7S"管理员：_____　　　记分员：_____

实训项目	（1）不同参数标注方法的电容器的直观识别； （2）电视机电路板上固定电容器的直观识别； （3）用万用表对电容器进行质量检测			
实训时间		实训地点		实训课时	2
使用设备	电工实验台、各类电容若干、电视机电路板1块、指针式万用表1只、数字式万用表1只			
制订实训计划				

续表

实施	不同参数标注方法的电容器的直观识别	操作步骤	(1) 根据标注识读电容量，如图 5-23 所示。 图 5-23　各种电容 (2) 根据标注识读电容器的耐压，并将这些数据记录在表 5-11 中。 表 5-11　电容器参数识读记录表

表 5-11　电容器参数识读记录表

序号	电容器种类	标注形式	识读标称容量	识读耐压值
电容器 1				
电容器 2				
电容器 3				
电容器 4				
电容器 5				
电容器 6				
电容器 7				
电容器 8				
电容器 9				
电容器 10				

电视机电路板上固定电容器的直观识别　操作步骤

(1) 对电路板上各种电容器的种类、容量大小、额定耐压和允许误差进行直观识别。

(2) 将结果填入表 5-12 中。

表 5-12　电路板上电容器识读记录表

序号	电容底色	电容器种类	参数标注方法	标称容量	额定耐压值	允许误差
1						
2						
3						
4						
5						

<table>
<tr><td rowspan="2">实施</td><td rowspan="2">用万用表对电容器进行质量检测</td><td rowspan="2">操作步骤</td><td>
（1）用模拟式万用表对电容器进行质量检测。
要求：
① 根据电容器上的标注，识读电容器主要参数指标。
② 用模拟式万用表检测电容器的好坏、质量，并将这些数据记录在表5-13中。

表 5-13　电容器测量记录表

序号	电容器类型	电容器好坏、质量	识读标称容量
1			
2			
3			
4			

（2）用数字式万用表对电容器进行测量。
要求：
① 根据电容器上的标注，识读电容器主要参数指标。
② 用数字万用表测量电容器的实际电容量，并将这些数据记录在表5-14中。

表 5-14　电容器的识读、测量记录表

序号	电容器类型	电容器标称容量	电容器标称额定电压值	标称电容量误差	电容器容量测量值
1					
2					
3					
4					

</td></tr>
</table>

	项目评定	根据项目器材准备、实施步骤、操作规范3个方面评定成绩
评价	学生自评	根据评分表打分
	学生互评	互相交流，取长补短
	教师评价	综合分析，指出好的方面和不足的方面

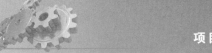

项目评分表

本项目合计总分：_____

1. 功能考核标准（90 分）

工位号_____　　　　　　　　　　　　　　　　　　成绩_____

项目	评分项目	分值		评分标准	得分
器材准备	实训所需器材	30		准备好实验所需器材得 30 分，少准备一种器材扣 3 分	
实施过程	不同参数标注方法的电容器的直观识别	60	20	（1）能正确识读电容标称值，每只得 1 分； （2）能正确区分电容种类，每只得 1 分	
	电视机电路板上固定电容器的直观识别		20	能正确识读电路板上的电容标称值，每只得 1 分	
	用万用表对电容器进行质量检测		20	（1）能用指针式万用表正确测量电容的质量，每只得 2 分； （2）能用数字式万用表正确测量电容的质量，每只得 2 分	

2. 安全操作评分表（10 分）

工位号_____　　　　　　　　　　　　　　　　　　成绩_____

项目	评分点	配分	评分标准	得分
职业与安全知识	完成工作任务的所有操作是否符合安全操作规程	5	符合要求得 5 分，基本符合要求得 3 分，一般得 1 分	
	工具摆放、包装物品等的处理是否符合职业岗位的要求	3	符合要求得 3 分，有两处错得 1 分，两处以上错得 0 分	
	遵守现场纪律，爱惜现场器材，保持现场整洁	2	符合要求得 2 分，未做到扣 2 分	
项目	加分项目及说明			加分
奖励	整个操作过程中对现场进行"7S"现场管理和工具器材摆放规范到位的加 10 分； 用时最短的 3 个工位（时间由短到长排列）分别加 3 分、2 分、1 分			

项目	扣分项目及说明	扣分
违规	违反操作规程使自身或他人受到伤害扣 10 分； 不符合职业规范的行为，视情节扣 5～10 分； 完成项目用时最长（时间由长到短排列）的 3 个工位分别扣 3 分、2 分、1 分	

5.4　课后练习

1. 填空题

（1）任何两个彼此绝缘而又互相靠近的导体，都可以看成是一个_____。

（2）电容器内部的基本结构是一样的，都是由_____组成的。把其中的两个导体称为两个_____，各自用一根金属导线引出与外电路连接。中间的绝缘物质称为电容器的_____。

（3）电容器的基本特征是_____。

（4）电容器所带电荷量 q 与电容器两极板间的电压 U 的比值称为电容器的_____，简称_____，用字母_____表示。

2. 判断题

（1）利用万用表欧姆挡测量电容器的原理是电容的充放电特性。（　　）

（2）测量有极性的电解电容时，应先将电容器放电后再进行测量。（　　）

（3）电解电容有正、负极，使用时正极接高电位，负极接低电位。（　　）

（4）采用降低用电设备的有功功率措施，也可以提高功率因数。（　　）

（5）减少机械摩擦，降低供电设备的供电损耗是节约用电的主要方法之一。

（　　）

（6）工厂企业中的车间变电所常采用低压静电电容器补偿装置，以提高功率因数。（　　）

3. 选择题

（1）下列有关可变电容器的说法，不正确的是（　　）。

A. 可变电容器只能用于收录音机的调谐电路

B. 可变电容器有空气介质和固定介质之分

C. 双联、单联、多联电容器都属于可变电容器

D. 双联可变电容器有等容双联和差容双联之分

（2）用万用表检测电容器时，测得数值为（　　）。

A. 漏电电阻　　　B. 正向电阻　　　C. 反向电阻　　　D. 导通电阻

（3）使用电解电容时（　　）。

A. 负极接高电位，正极接低电位

B. 正极接高电位，负极接低电位

C. 负极接高电位，负极也可以接高电位

D. 不分正负极

（4）电容器串联时每个电容器上的电荷量（　　）。

A. 之和　　　　　B. 相等　　　　　C. 倒数之和　　　　　D. 成反比

（5）纯电感或纯电容电路的无功功率等于（　　）。

A. 单位时间内所储存的电能　　　　　B. 电路瞬时功率的最大值

C. 电流单位时间内所做的功　　　　　D. 单位时间内与电源交换的有功电能

（6）阻值为 $4\ \Omega$ 的电阻和容抗为 $3\ \Omega$ 的电容串联，总复数阻抗为（　　）。

A. $3+j4$　　　　B. $3-j4$　　　　C. $4+j3$　　　　D. $4-j3$

（7）阻值为 $6\ \Omega$ 的电阻与容抗为 $8\ \Omega$ 的电容串联后接在交流电路中，功率因数为（　　）。

A. 0.6　　　　　B. 0.8　　　　　C. 0.5　　　　　D. 0.3

（8）为了提高设备的功率因数，常在感性负载的两端（　　）。

A. 串联适当的电容器　　　　　B. 并联适当的电容器

C. 串联适当的电感　　　　　D. 并联适当的电感

（9）在感性负载的两端并联适当的电容器，是为了（　　）。

A. 减小电流　　　B. 减小电压　　　C. 增大电压　　　D. 提高功率因数

（10）纯电容电路的功率因数（　　）零。

A. 大于　　　　　B. 小于　　　　　C. 等于　　　　　D. 等于或大于

（11）铣床高速切削后，停车很费时间，故采用（　　）制动。

A. 电容　　　　　B. 再生　　　　　C. 电磁抱闸　　　　　D. 电磁离合器

4. 简答题

（1）电容器有什么主要技术参数？各表示什么意义？

（2）常见的固定电容器有哪些？各有什么特点及应用？

（3）选用电容器应考虑什么因素？如何判断电容器的好坏？

5. 技能测试

电容器的识别与检测：

（1）要求。会识别和检测各种常用电容器。

（2）材料。各种类型电容器若干；万用表一块。

（3）内容。根据所给电容器进行识别、检测，把结果记录于表 5-15 中。

表 5 – 15　数据记录表

参数名称	标示电容值	误差	种类	检测结果	备注
电解电容器 1					
电解电容器 2					
电解电容器 3					
电解电容器 4					
无极性电容器 1					
无极性电容器 2					
无极性电容器 3					
无极性电容器 4					
贴片电容 1					
贴片电容 2					
贴片电容 3					
贴片电容 4					
贴片电容 5					

在日常生活中所用的就是单相正弦交流电,简称交流电。目前发电及供电系统都是采用三相交流电。在日常生活中所使用的交流电源,只是三相交流电中的一相。工厂生产所用的三相电动机是三相制供电,三相交流电也称动力电。

本项目主要介绍交流电的产生过程,正弦量的波形图、三角函数式、相量图等表达方法与三要素及表示方法。

6.1　任务书

6.1.1　任务单

项目 6	识别与检测电容器	工作任务	(1) 安装双联开关电路; (2) 安装家庭照明线路	
学习内容	(1) 安装双联开关电路; (2) 认识单相交流电; (3) 安装家庭照明线路	教学时间/学时		6
学习目标	(1) 能够掌握单相交流电的三要素; (2) 能够理解双联开关电路的工作原理; (3) 能够按照工艺要求安装一般的家庭照明电路			
思考题	(1) 怎样安装双联开关照明电路? (2) 照明电路安装工艺有哪些? (3) 正弦交流电的三要素是_____、_____和_____。			

6.1.2 资讯途径

序号	资讯类型
1	上网查询
2	家庭照明电路设计与安装相关资料
3	走访和观摩家装施工现场

6.2 学习指导

6.2.1 训练目的

（1）认识家庭配电线路中常用器材名称及作用，了解其分类，会安装双联开关控制一盏灯的电路。

（2）通过观察，了解单相正弦交流电的特点，知道其三要素，能够利用相关知识进行简单计算。

（3）通过安装家庭照明线路，会识读简单照明系统图及照明平面布置图，会正确选择电工器材并安装。

6.2.2 训练重点及难点

（1）安装双联开关电路。
（2）安装家庭照明线路。

6.2.3 安装家庭配电线路的相关理论知识

1. 安装双联开关照明电路

1）认识家庭照明电路常用器材

家庭照明电路是由电线、电表、总开关、熔断器、开关、插座、用电器等组成的。

（1）电能表。

电能表是用来测量电能的仪表，又称电度表、火表、千瓦小时表。家庭照明

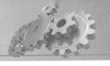

常用的电能表如图 6-1 所示。

图 6-1　普通电能表、电子式电能表、预付费式电能表和多费率电能表

① 电能表铭牌上的符号及其含义。

a. GB/T 17215—2002：GB 为国家标准代号，17215 为序号，2002 为标准发布日期。

b. 浙制 00000252：表示浙江省技术监督局颁发的计量器具制造许可证号。

c. 1 级或①：电能表的准确度为 1 级。

d. 常数：表示仪表记录的无功电能与相应的测试输出之间关系的值。如果此值是脉冲数，则常数是每千乏·小时脉冲（imp/（kvar·h））或者是每一脉冲的乏·小时数 var·h/imp）。

e. 220 V：表示电能表的参比电压，对电能表性能和准确度的测量就是在这个电压下进行的。

f. B：指电能表的工作条件，即电能表在温度、湿度、霉菌、昆虫、烟雾、尘砂等环境适应能力的标志，可分为 P、S、A 和 B，B 的适应性最强。

g. 50 Hz：电能表的参比频率，是电能表运行时的额定频率。

h. 5（20）A：表示电能表的基本（额定）电流和最大电流。

i. 千瓦·时（kW·h）：是一个国际标准的计量单位，用"千瓦·时"来表达，是有功计量单位。

② 电能表的命名方法及其含义。电能表的命名方法如图 6-2 所示。

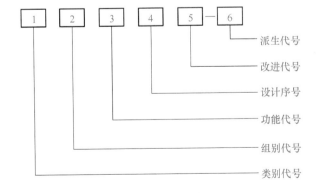

图 6-2　电能表的命名方法

其含义见表 6-1。

表 6-1 电能表的命名含义

第一个字母	第二个字母	第三个字母	第四个字母	第五个字母
D—电能表	D—单相	S—电子式	D—多功能	F—分时
	S—三相三线有功	Y—机电式预付费	F—多费率	Y—分时和预付费
	T—三相四线有功	F—机电式多费率	Y—预付费	
	X—无功 （感应式、电子式）	M—机电式脉冲	(X)—有功无功组合	
		J—机电式防窃电	J—防窃电	
		H—机电式电焊机	I—载波	
		I—机电式载波	H—多用户	
		D—机电式多功能		

③ 电能表的接线。电能表的接线图一般都印在了表尾盖上，常见电能表的接线图如图 6-3 所示。

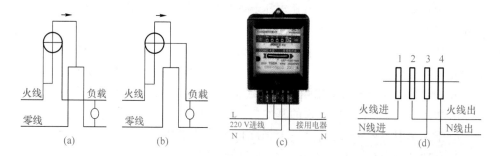

图 6-3 常见电能表的接线图

（a）单进单出直接接入；（b）双进双出直接接入；（c）实物；（d）单相电表接线图

电能表的接线不能出现错误，一旦有误，将有可能造成电能表不计电能、反转、断路等故障。

（2）熔断器。

低压配电系统中熔断器是起安全保护作用的一种电器，熔断器广泛应用于电网保护和用电设备保护，当电网或用电设备发生短路故障或过载时，可自动切断电路，避免电气设备损坏，防止事故蔓延。

在家庭配电线路中，一般采用 RL1、RT0、RT14 这几种型号熔断器，如图 6-4 所示。

RL1 系列螺旋式熔断器用于交流 50 Hz，额定电压 380 V/500 V，额定电流至 200 A 的配电线路，作输送配电设备、电缆、导线过载和短路保护之用。

图 6-4 RL1、RT0、RT14 系列熔断器

RT0 系列有填料封闭管式熔断器适用于交流 50 Hz，额定电压交流 380 V，额定电流至 1 000 A 的配电线路中，作为过载和短路保护之用。

RT14 系列有填料封闭管式圆筒帽形熔断器适用于交流 50 Hz，额定电压为 550 V，额定电流为 100 A 及以下的工业电气装置的配电设备中，作为线路过载和短路保护之用。

（3）低压断路器。

在现代家庭配电线路中，已经广泛使用断路器替代胶盖闸刀开关。

低压断路器（曾称自动开关）：相当于闸刀开关、熔断器（保险丝一类）等电器的组合，是一种不仅可以接通和分断正常负载电流、电动机工作电流和过载电流，而且可以接通和分断电流的开关电器。其定义为：能接通、承载及分断正常电路条件下的电流，也能在所规定的非正常电路（如短路）下接通、承载一定时间和分断电流的一种机械开关电器。

家庭用低压断路器一般都安装在电源配电箱中，如图 6-5 所示。

图 6-5 家用电源箱、带漏电保护断路器与单极断路器

① 断路器的型号命名及分类。在我国，低压断路器的基本命名方法如图 6-6 所示。

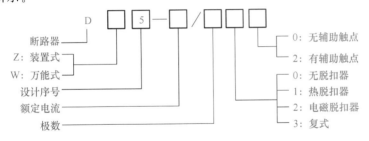

图 6-6 断路器的型号命名及符号

例如，有一只小型断路器标识有 DZ47－63－C16，表示的意义是：

DZ47 是产品系列的代码，63 是壳架电流（最大电流）为 63 A。C16 表示该断路器的工作电流。这是一款适用于照明配电的小型断路器，额定电压可以达到400 V，如果电路中电流达到或超过 16 A，会自动跳闸。该产品的断路器主要有 C16、C25、C32、C40、C50、C63 等几款可供选择，但最大就是 63 A，如果是超过 63 A 电流的电路，就要用其他系列的产品。

DZ47－LE－C16 表示带漏电保护的小型断路器。

② 断路器的结构和工作原理。DZ47 系列小型断路器结构如图 6－7 所示。

(a)

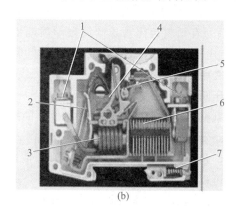
(b)

图 6－7　小型断路器的结构

1—断路器的进、出线接线桩；2—断路器的脱扣装置；3—断路器的电磁脱扣器；
4—断路器的热脱扣器；5—断路器的热脱扣调节；6—断路器的灭弧罩；
7—断路器的安装卡子弹簧

断路器的工作原理：低压断路器的主触点是靠手动操作合闸的。主触点闭合后，自由脱扣机构将主触点锁在合闸位置上。过电磁脱扣器的线圈和热脱扣器的热元件与主电路串联。当电路发生短路或严重过载时，过电流脱扣器的衔铁吸合，使自由脱扣机构动作，主触点断开主电路。当电路过载时，热脱扣器的热元件发热使双金属片向上弯曲，推动自由脱扣机构动作。

（4）开关和插座。

① 插座（Power Socket）。插座，又称电源插座，是为家用电器提供电源接口的电气设备，也是住宅电气设计中使用较多的电气附件，它与人们生活有着十分密切的关系。如何选购具有安全性的电源插座很重要，低质量的电源插座常常引起人身电击和电气火灾事故，给人身财产安全带来重大隐患。

如图 6－8 和图 6－9 所示，在家庭配电线路中，一般使用明装或暗装两类插座。

插座的结构、型号规格及接线如图 6－10 所示。

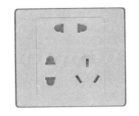

图 6-8　暗装插座

图 6-9　明装插座

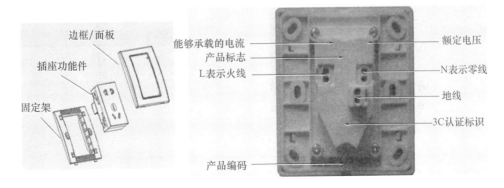

图 6-10　插座的结构、型号规格及接线示意图

② 开关（Switch）。开关是指一个可以使电路开路、电流中断或使其流到其他电路的电子元件。在家庭配电线路中，同插座一样，开关也有明装和暗装之分，如图 6-11 所示。

图 6-11　拇指开关、单翘板开关、三翘板开关及声光控开关

开关的结构、型号规格及接线如图 6-12 所示。

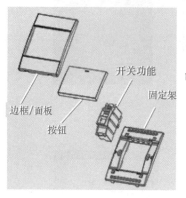
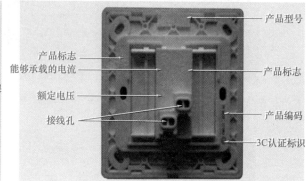

图 6-12 开关的结构、型号规格及接线示意图

③ 开关、插座的系列名称与符号。开关、插座主要有 86 系列和 118 系列（见图 6-13），其系列名称见表 6-2。

图 6-13 118 型开关与插座

表 6-2 开关、插座系列名称

系列名称	宽/mm	高/mm	螺钉孔距/mm	对应系列
86 系列 常规系列	86	86	60.3	V3\K3\K6\K1\E5\A5\E9\EP6\E8\K9
	146	146	86	120.6	EP1
118 系列 地域产品	118	118	75	84.4	E2、K2、EP2、A2
	156	156	75	121	E2、K2、EP2、A2
	196	196	75	164	E2、K2、EP2、A2
120 系列 地域产品	86	86	86	60.3	EP2
	120	75	120	83.5	E2、K2、EP2
	120	120	120	83.5	E2、K2、EP2

在家庭电路中，开关和插座的符号如表 6-3 所示。

表 6-3　开关、插座的符号

名称	符号	名称	符号	名称	符号
明装单相二极插座	⅄	明装单相三极插座	⅄	暗装单相二极插座	⏚
暗装单相三极插座	⏚	暗装单相五孔插座	⏚⏚	带一位开关的插座	⅄
明装二位开关	⟋	暗装一位开关	⟋	暗装二位开关	⟋
暗装三位开关	⟋	暗装四位开关	⟋	负载（电灯）	⊗
"off" 位置	0	"on" 位置	—	3C 认证	Ⓒ

（5）导线（Traverse）。

导线在工业上也称为"电线"，一般由铜或铝制成，也有用银线所制（导电、热性能好），如图 6-14 所示，用来疏导电流或者是导热。

图 6-14　BV 铜芯线与 BV 铝芯线

① 导线的型号。

□ □ □（V）－$n * d$：

第一个□——用途：B 表示布线用；R 表示软线。

第二个□——导体材质：L 表示铝；T（铜不标）。

第三个□——绝缘材质："X" 表示橡皮绝缘；"V" 表示聚氯乙烯绝缘。

"n" 代表导线根数，"d" 代表导线的截面积（mm^2）。

导线常见型号如表 6-4 所示。

② 导线的安全载流量。家庭电路设计需要考虑电路的额定电流和导线载流量的匹配问题，家庭装修常用导线的安全载流量如表 6-5 所示。

表 6－4　导线的常见型号

型号	名称	型号	名称
BX	铜芯橡皮线	RVS	铜芯塑料绞型软线
BV	铜芯塑料线	BVR	铜芯塑料平型线
BLX	铝芯橡皮线	BLXF	铝芯氯丁橡皮线
BLV	铝芯塑料线	BXF	铜芯氯丁橡皮线
BBLX	铝芯玻璃丝橡皮线	LJ	裸铝绞线
BVV	铜芯塑料护套线	TMY	铜母线

表 6－5　家庭装修常用导线的安全载流量

规格/mm	标称截面/mm²	安全载流量/A			
		BX	BLX	BV	BLV
1×1.13	1	20	—	18	—
1×1.37	1.5	25	—	22	—
1×1.76	2.5	33	25	30	23
1×2.24	4	42	33	40	30
1×2.73	6	55	42	50	40
7×1.33	10	80	55	75	55

注：BX（BLX）铜（铝）芯橡皮绝缘或 BV（BLV）铜（铝）芯聚氯乙烯塑料绝缘线，广泛应用于500 V 及以下交/直流配电系统中，作为线槽、穿管或架空走道敷设的机间连线或负荷电源线。但截面在0.5 mm² 及以下者，仅在电源设备内部作布线用。表中所列数据是周围温度为35 ℃、导线为单根明敷时的安全载流量值。

　　在家庭装修中，常用导线的火线为红色，零线可选颜色有红、黄、蓝、绿、棕、白、黑、双色几种。单芯电线 1.5 mm² 电线用于灯具照明，单芯电线2.5 mm² 电线用于插座。单芯电线 4 mm² 电线用于 3 匹空调以上，单芯电线 6 mm² 电线用于总进线，双色线用于接地线。

　　2）安装双联开关照明电路

　　在家庭照明电路中，当安装楼道灯时，用一只单联开关来控制这盏灯，无论是装在楼上还是楼下，开灯和关灯都不方便，装在楼下，上楼时开灯方便，到楼上就无法关灯；反之，装在楼上同样不方便。因此，为了方便起见，就在楼上、楼下各装一只双联开关来同时控制楼道口的这盏灯。

　　（1）认识双联开关控制一盏灯的电路（见图 6－15）。

　　双联开关有 3 个接线桩头，其中桩头 1 为连铜片（简称连片），它就像一个活动的桥梁一样，无论怎样按动开关，连片 1 总要跟桩头 2、3 中的一个保持接触，从而达到控制电路通或断的目的。

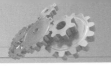
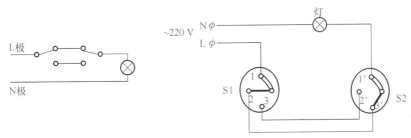

图6-15　双联开关控制一盏灯电路

（2）认识双联开关（见图6-16）。

双联开关的3个接线桩上分别标有L（或COM）、L1、L2，而单联开关只有两个接线桩。双联开关在实际应用中也可以作为单联开关使用，只是在接线过程中只能将L、L1或者L、L2串联在所控制的电路中，不能将L1、L2串联在所控制的电路中。

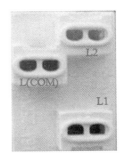

图6-16　双联开关

（3）安装双联开关控制一盏灯电路。

① 检测。安装电路之前首先要对相应的元器件进行简单的检测，以确保安装电器的质量：需要用万用表的欧姆挡合适的挡位检测开关的3个接线桩是否完好；用万用表的欧姆挡合适的挡位检测灯座的两个接线桩是否完好。

② 安装（见图6-17）。双联开关照明电路有两个开关和一个灯座，打开开关和灯座，了解其内部结构和接线方法。安装程序一般有3步：

a. 观察分析相关器件的结构，构思安装方法。

b. 在给定的安装板上结合原理图，设计实际电路的布局。

c. 根据相应的接线要求安装电路。

③ 测试并通电试验。电路安装好后，首先要对电路进行简单的检测，然后才能通电测试。

a. 用万用表欧姆挡检测电源两端是否有电阻，再按开关。当两个开关都断开时万用表指

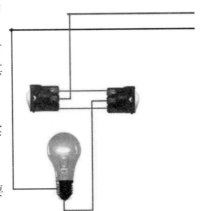

图6-17　双联开关控制
一盏灯实物连接图

针应指向无穷大，其中一个开关闭合电阻较小。

b. 接上电源，闭合开关，观察电路工作情况。

2. 认识单相交流电

在日常生活中，都在使用单相正弦交流电，简称单相交流电，如照明、电视机、冰箱、空调、电风扇等。

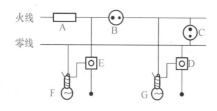

图 6-18 简单家庭照明线路

图 6-18 所示单相交流电源和负载是由两根导线连接起来的。

1）正弦交流电的三要素

通过图 6-19 所观察到的交流电图像可以发现，正弦交流电是随时间按照正弦函数规律变化的电压和电流。由于交流电的大小和方向都是随时间不断变化的，也就是说，每一瞬间电压（电动势）和电流的数值都不相同。

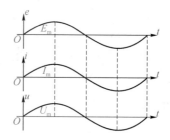

图 6-19 用示波器观察到的交流电图像、交流电波形

正弦交流电的三要素是指最大值、频率和初相位。

（1）交流电的瞬时值、最大值与有效值。

① 瞬时值。通过对图 6-19 的观察，正弦交流电在变化过程中，每一个时刻的数值大小不同，但每一个时刻的对应值都遵循正弦规律变化，即

$$e = E_m \sin(\omega t + \phi_0), i = I_m \sin(\omega t + \phi_0), u = U_m \sin(\omega t + \phi_0)$$

式中，e，i，u——分别为瞬时感应电动势、瞬时电流和瞬时电压；

E_m，I_m，U_m——分别为电动势、电流和电压的最大值。

② 有效值。让交流电和直流电通过同样阻值的电阻，若它们在同一时间内产生的热量相等，就把这一直流电的数值叫做这一交流电的有效值。正弦交流电的有效值和最大值之间的关系为

$$E = \frac{E_m}{\sqrt{2}} = 0.707E_m, \quad U = \frac{U_m}{\sqrt{2}} = 0.707U_m, \quad I = \frac{I_m}{\sqrt{2}} = 0.707I_m$$

用 E、U、I 分别表示交流电的电动势、电压、电流的有效值。各种使用交流电的电气设备上所标的额定电压、额定电流的数值以及一般交流电流表、交流电压表测量的数值，都是有效值。以后提到交流电的数值，凡没特别说明的都是指有效值。

③ 最大值（E_m、I_m、U_m）。它是指交流电在一个周期内所能达到的最大数值。最大值在实际应用中有重要意义。例如，把电容接在交流电路中，就需要知道交流电压的最大值，避免选择电容的耐压过低而击穿电容。

（2）周期、频率与角频率。

① 周期。即交流电完成一次周期性变化所需的时间，用 T 表示，单位为 s。

② 频率。即交流电在 1 s 内完成周期性变化的次数，用 f 表示，单位为 Hz。

$$T = \frac{1}{f}$$

③ 周期与频率的关系为

$$\omega = \frac{2\pi}{T} = 2\pi f$$

④ 角频率。角频率是交流电每秒钟所变化的角度。

我国交流电的频率为 50 Hz，与之相对应的周期为多少？角频率为多少？

（3）相位、初相位与相位差。

① 相位。在交流电的表达式 $i = I_m \sin(\omega t + \phi_0)$ 中 $\omega t + \phi_0$ 叫做交流电的相位。

② 初相位。$t = 0$ 时的相位 ϕ_0 叫初相位。相位可用来比较交流电的变化步调。

③ 相位差。两个频率相同的交流电的相位差，用 $\Delta\phi$ 表示。

$$\Delta\phi = (\omega t + \phi_{01}) - (\omega t + \phi_{02}) = \phi_{01} - \phi_{02}$$

两个交流电之间的相位差关系如图 6-20 所示。

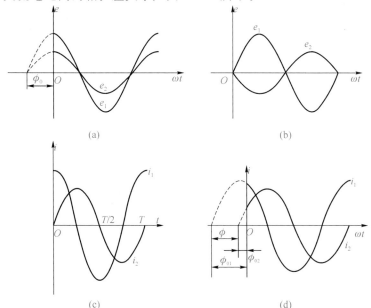

图 6-20　两个交流电之间的相位差关系

（a）$\Delta\phi = 0$，称它们为同相；（b）$\Delta\phi = \pm\pi$，称它们为反相；

（c）$\Delta\phi = \dfrac{\pi}{2}$，称它们为正交；（d）$\phi_{01} > \phi_{02}$，称 i_1 比 i_2 超前 ϕ

（4）正弦交流电三要素知识的应用。

【例6-1】　已知两正弦交流电电动势分别为 $e_1 = 150\sin\left(100\pi t + \dfrac{\pi}{3}\right)$ V，$e_2 = 100\sin\left(100\pi t - \dfrac{\pi}{6}\right)$ V。试求：（1）最大值；（2）频率；（3）周期；（4）相位；（5）初相位；（6）相位差，并说明 e_1、e_2 的超前、滞后关系。

解　（1）最大值。

$$E_{1m} = 150 \text{ V} \quad E_{2m} = 100 \text{ V}$$

（2）频率。

$$f = \frac{\omega}{2\pi} = \frac{100\pi}{2\pi} \text{ Hz} = 50 \text{ Hz}$$

（3）周期。

$$T = \frac{1}{f} = \frac{1}{50} \text{ s} = 0.02 \text{ s}$$

（4）相位。

$$\alpha_1 = 100\pi t + \frac{\pi}{3} \qquad \alpha_2 = 100\pi t - \frac{\pi}{6}$$

（5）初相位。

$$\phi_{01} = \frac{\pi}{3} \qquad \phi_{02} = -\frac{\pi}{6}$$

（6）相位差。

$$\phi = \phi_{01} - \phi_{02} = \frac{\pi}{3} - \left(-\frac{\pi}{6}\right) = \frac{\pi}{2}$$

即 e_1 超前于 e_2，此时两正弦交流电正交。

2）正弦交流电的表示方法

（1）解析法。

$$i = I_m\sin(\omega t + \phi_0) \qquad u = U_m\sin(\omega t + \phi_0) \qquad e = E_m\sin(\omega t + \phi_0)$$

上述三式为交流电的解析式。

从上式知，已知交流电的有效值（或最大值）、频率（或周期、角频率）和初相，就可写出它的解析式，从而也可算出交流电任何瞬时的瞬时值。

（2）图像法（波形法）。

波形图表示正弦交流电：以 t 或 ωt 为横坐标，以 i、e、u 为纵坐标，如图6-21所示。

图6-21中直观地表达出被表示的正弦交流电压的最大值 U_m、初相角 ϕ 和角频率 ω。

（3）相量法。

正弦交流电可用旋转矢量来表示。

① 以 $i = I_m\sin(\omega t + \phi_0)$ 为例加以分析。在平面直角坐标系中，从原点作一

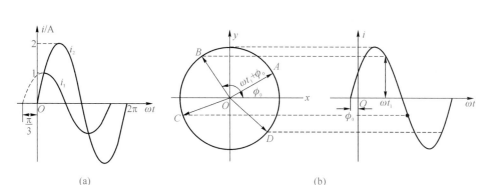

图 6 - 21　波形图表示正弦交流电

（a）图像法表示单相交流电；（b）相量法表示单相交流电

有向线段 OA，使其长度正比于正弦交流电动势的最大值 I_m，矢量与横轴 Ox 的夹角等于正弦交流电动势的初相角 ϕ_0，OA 以角速度 ω 逆时针方向旋转下去，即可得 i 的图像。OA 为 i 的矢量。

② 相量。表示正弦交流电的矢量。用大写字母上加 "·" 符号表示。

③ 相量图。同频率的几个正弦量的相量，可画在同一图上，这样的图叫相量图。

④ 相量图的做法。

a. 用虚线表示基准线，即 x 轴。

b. 确定并画出有向线段的长度单位。

c. 从原点出发，有几个正弦量就作出几条有向线段，它们与基准线的夹角分别为各自的初相角。规定逆时针方向的角度为正，顺时针方向的角度为负。

d. 按画好的长度单位和各正弦量的最大值取各线段的长度，在线段末端加箭头。

3. 安装家庭配电线路

识读家庭配电线路图，图 6 - 22 是照明系统图与家庭照明线路平面图。

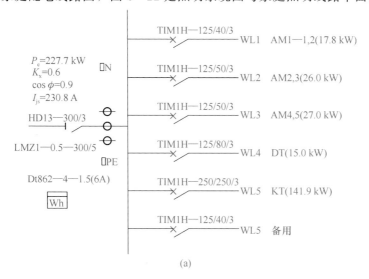

（a）

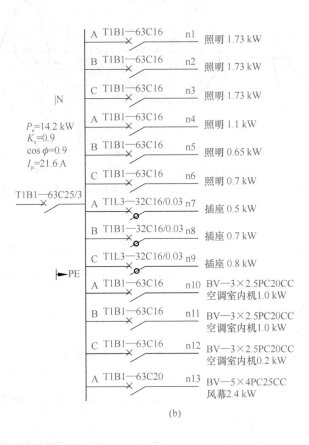

(b)

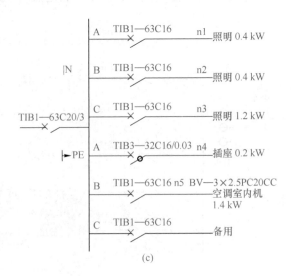

(c)

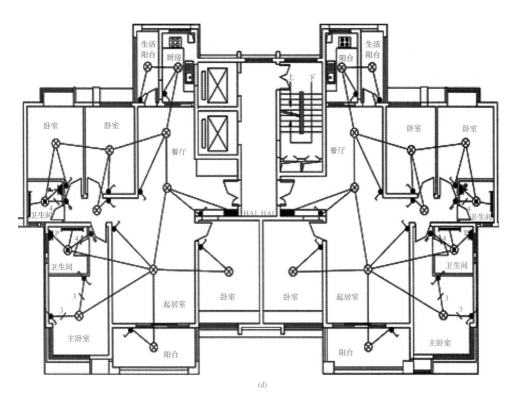

(d)

图 6 - 22　照明系统图与家庭照明线路平面图

（a）AL 配电柜系统图；（b）AMI - 1 箱系统图；（c）AMI - 2 箱系统图；（d）照明平面图

　　照明平面图是在住宅建筑平面图上绘制的实际配电布置图，安装照明电气电路及用电设备，需根据照明电气平面图进行。在照明平面图中标有：电源进线位置，电能表箱、配电箱位置，灯具、开关、插座、调速器位置，线路敷设方式以及线路和电气设备等各项数据。通常在照明平面图上还附有一张各电气设备图例、型号规格及安装高度表。照明平面图是照明电气施工的关键图纸，是指导照明电气施工的重要依据，没有了它就无法施工。

　　（1）电工图的常用文字、符号和图形。

　　近年来为了便于国际交流和满足国际市场的需要，国际标准局参照国际电工委员会（IEC）颁布的有关文件，制定了我国有关电气设备的国家标准，颁布了《电气图用图符号》（GB 4728－1949）及《电气制图》（GB 6988－1987）和《电气技术中的文字符号制定通则》（GB 7159－1987）。规定电气控制线路中的图形和文字符号必须符合最新的国家标准。表 6 - 6 是电气照明常用图形符号。

表 6 - 6　电气照明常用图形符号

名称	图形符号	名称	图形符号
变压器	⨀⨀	拉线开关	⊿
低压配电箱	▰	应急照明灯	⬛

名称	图形符号	名称	图形符号
事故照明配电箱		出口指示灯	
照明配电箱		断路器	
动力配电箱		熔断器的一般符号	
电度表		熔断器式开关	
三管日光灯		消防警铃	
二管日光灯		喇叭	
单管日光灯		壁灯	
吸顶灯		白炽灯	

电气照明施工图中，灯具、器材的安装方法说明的文字标志如表 6-7 所示。

表 6-7　常用灯具器材安装方法

序号	代号	照明灯具安装方式	序号	代号	照明灯具安装方式
1	X	线吊式	14	A	暗敷
2	L	链吊式	15	G	穿焊接钢管敷设
3	G	管吊式	16	DG	穿电线管敷设
4	D	吸顶式	17	VG	穿硬塑料管敷设
5	B	壁装式	18	CP	瓷瓶敷设
6	R	嵌入式	19	QD	卡钉敷设
7	Z	座灯头式	20	S	用钢索敷设
8	L	沿梁下式	21	CB	槽板敷设
9	Q	沿墙	22	P	乳白玻璃平罩灯
10	D	沿地板	23	J	水晶底罩灯
11	Z	沿柱	24	W	碗形罩灯
12	P	沿天棚	25	S	搪瓷伞形罩灯
13	M	明敷	26	T	圆筒形罩灯

（2）导线的表示方法（见图 6-23）。

① 导线的一般符号。如图 6-23（a）所示导线的一般表示符号，可用于一根导线、导线组、电线、电缆、传输电线、母线、总线等。

② 导线根数的表示方法。当用导线的一般符号表示一组导线时，若需反映导线根数，可以用小斜线表示。数量较少时，4 根以下用短斜线数代替导线根数，如图 6-23（b）所示；数量较多时，可用小斜线标注数字，数字表示导线的根数，如图 6-23（c）所示。

③ 导线特征的表示方法。导线的特征通常采用符号标注反映导线的材料、截面、电压、频率等特征，在横线上方标出电流种类、配电系统、频率和电压

等；在横线下方标出电路的导线数乘以每根导线的截面（mm^2），若导线的截面不同，可以用"+"将其分开。

如图 6-23（d）所示，表示电路有 3 根相线、1 根中性线，交流频率为 50 Hz，电压为 380 V，相线截面积为 6 mm^2，中性线截面积为 4 mm^2，导线材料为铝。

如图 6-23（e）所示标注，可以表示导线的型号、截面积及安装方法，即导线型号为 BLV（铝芯塑料绝缘线），截面积为 3×4 mm^2，安装方法用管径 25 mm 的塑料管，沿墙暗敷（QA）。

④ 导线换位表示法。在某些情况下需要表示电路相序的变更、极性的反向、导线的交换，可采用图 6-23（f）所示的方式表示，表示 L1 相与 L3 相换位。

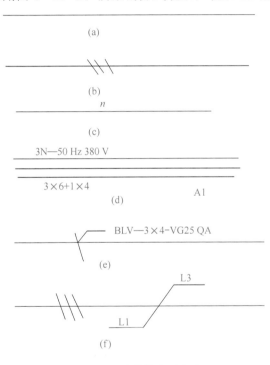

图 6-23　导线的表示方法

（3）识读方法。

要正确识读室内电气照明施工图，可从以下几个方面着手。

① 从设计说明入手，了解整个设计的意图及有关要求。

② 从电气接线原理图中了解整个建筑的接线方法及总回路数。

③ 在识读电气照明平面图时，可以沿着导线布置程序循序渐进。

（4）识读照明施工图的注意事项。

在识读室内电气照明施工图时应注意以下几点：

① 电气照明施工图有较多的图例符号，在识读前必须首先弄懂这些符号、代号、图例的含义。

② 电气照明施工图有很强的原理性，且首尾连贯。识读时可按主干、支干、

分支、用电设备、灯具等循序进行，逐项逐支进行识读。

③ 电气照明施工图是以建筑施工图为基础绘制的，对建筑构造不清楚时要查阅有关建筑图，识读时要结合建筑施工图，找到各用电设备器材在建筑中的位置，并弄清楚其电源来历。

④ 电气照明施工图总体上反映了一个建筑的电气照明布置情况、设备内部结构性能、详细安装方法，在电气照明施工图中不可能一一列出，施工时还要参见产品的说明及有关电气的安装规范和规定。

(5) 常用电气元件的选择原则。

在对一套完整住宅配电线路的安装中除了对线路的布局、用电设备的位置进行设计外，不可避免的是如何根据该家庭用电设备的功率、电压等级等选择电度表、电线、开关、熔断器、插座等型号规格。现代住房电路装修要求是安全、耐用、美观。为了达到要求，在选择用电材料型号、规格上应做到以下 3 点要求：

- 电度表、供电线路、开关、熔断器、插座等载流量必须满足用电设备的要求。
- 电线及器材的耐压等级应符合家庭照明电压的要求。
- 线路的机械强度应满足室内布线的要求。

① 熔断器的选择。

a. 根据使用条件确定熔断器的类型。熔断器主要根据负载的情况和电路断路电流的大小来选择类型。例如，对于容量较小的照明线路或电动机的保护，宜采用 RC1A 系列插入式熔断器或 RM10 系列无填料密闭管式熔断器；对于短路电流较大的电路或有易燃气体的场合，宜采用具有高分断能力 RL 系列螺旋式熔断器或 RT（包括 NT）系列有填料封闭管式熔断器；对于保护硅整流器件及晶闸管的场合，应采用快速熔断器。

b. 熔断器的额定电压应当不小于被保护电路的额定电压。

c. 在配电系统中，各级熔断器应相互匹配，一般上一级熔体的额定电流要比下一级熔体的额定电流大 2～3 倍。

d. 熔断器的额定电流应不小于熔体的额定电流；额定分断能力应大于电路中可能出现的最大短路电流。

对于照明电路，有

熔体额定电流≥被保护电路上所有照明电器工作电流之和

对于电动机：

单台直接起动电动机，有

熔体额定电流＝(1.5～2.5)×电动机额定电流

多台直接起动电动机，有

总的保护熔体额定电流＝(1.5～2.5)×最大电动机电流＋

其余各台电动机电额定流之和

配电变压器低压侧，有

熔体额定电流＝(1.0～1.5)×变压器低压侧额定电流

常见熔断器参数如表 6-8 所示。

表 6-8　常见熔断器的参数

产品型号	额定电流/A	极限分断能力		额定电流 I_n/A	约定时间/h	最小试验电流 I_{nf}/A	最大试验电流 I_f/A
		KA	COSF				
RL1-15	15	2、4、5、6、10、15		$I_n<4$	1	1.5I_n	2.1I_n
RL1-60	60	20、25、30、35、40、50、60	0.35	$4<I_n<15$	1	1.5I_n	1.9I_n
RL1-100	100	60、80、100	0.25	$15<I_n<60$	1	1.25I_n	1.6I_n
RL1-200	200	120、150、200	0.15	$60<I_n<150$	2	1.25I_n	1.6I_n
		50		$I_n<150$	3	1.25I_n	1.6I_n

型号	额定电压/V	额定电流/A	质量/kg
RT4-20	500	2、4、6、8、10、16、20	0.009
RT14-32		2、4、6、8、10、16、20、25、32	0.022
RT14-63		10、16、20、25、32、40、50、63	0.06

型号	额定电压/V	额定电流/A	尺寸/mm			质量/kg
			ϕB	A	C	
RT0-50	380	10、15、20、30、40、50	10.3	38	10	0.18
RT0-100	380	30、40、50、60、80、100	14.3	51	12	0.32
RT0-200	380	100、120、150、200	22.2	58	14	0.40
RT0-400	380	200、250、300、350、400				0.59
RT0-600	380	450、500、550、600				0.85
RT0-1000	380	800、1000				2.20

e. 熔断器的保护特性应与被保护对象的过载特性有良好的配合。

② 断路器的选择。

a. 额定工作电压和额定电流。低压断路器的额定工作电压 U_e 和额定电流 I_e 应分别不低于线路设备的正常额定工作电压和工作电流或计算电流。

b. 长延时脱扣器整定电流 I_{r1}。所选断路器的长延时脱扣器整定电流 I_{r1} 应不小于线路的计算负载电流,可按计算负载电流的 $1\sim1.1$ 倍确定;同时应不大于线路导体长期允许电流的 $0.8\sim1$ 倍。

c. 瞬时或短延时脱扣器的整定电流 I_{r2}。所选断路器的瞬时或短延时脱扣器整定电流 I_{r2} 应大于线路尖峰电流。配电断路器可按不低于尖峰电流 1.35 倍的原则确定,电动机保护电路当动作时间大于 0.02 s 时可按不低于 1.35 倍起动电流的原则确定,如果动作时间小于 0.02 s,则应增加为不低于起动电流的 $1.7\sim2$ 倍。这些系数是考虑到整定误差和电动机起动电流可能变化等因素而加的。

③ 导线的选择。导线选择的原则主要如下:

a. 使用电压要不高于导线的工作电压。

b. 导线的使用场合要与导线的结构特征相适应。

c. 导线的截面积要根据安全工作电流及线路电压损失来选择。

常见导线安全载流量如表 6-9 所示。

表 6-9 BV、BLV 聚氯乙烯(塑料)绝缘电线安全载流量

导线截面积/mm²	固定敷设用的线芯 芯线股数/单股直径/mm²	明线安装		穿钢管安装						穿硬塑料管安装					
				一管二根线		一管三根线		一管四根线		一管二根线		一管三根线		一管四根线	
		铜	铝	铜	铝	铜	铝	铜	铝	铜	铝	铜	铝	铜	铝
1	1/1.13	18	—	13	—	12	—	10		11	—	10	—	10	—
1.5	1/1.37	23	16	17	13	16	12	15		15	12	14	11	12	10
2.5	1/1.76	30	24	24	18	22	17	20		22	17	19	15	17	13
4	1/2.24	39	30	32	24	29	22	26		29	22	26	20	22	17
6	1/2.73	50	39	43	32	37	30	34		37	29	33	25	30	23
10	7/1.33	74	57	59	45	52	40	46		51	38	45	35	40	30
16	7/1.70	95	74	75	57	67	51	60		66	50	59	45	52	40

4. 家庭照明电路布线工艺

1) 家庭照明布线流程

(1) 草拟布线图。

(2) 画线。确定线路终端插座、开关、面板的位置,在墙面标画出准确的位置和尺寸。

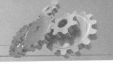

（3）开槽。

（4）埋设暗盒及敷设 PVC 电线管。

（5）穿线。

（6）安装开关、面板、各种插座、强弱电箱和灯具。

（7）检查。

（8）完成电路布线图，提交公司备案。

2）电路的施工要点

（1）设计布线时，遵循强电走上、弱电在下、横平竖直、避免交叉、美观实用的原则。

（2）开槽深度应一致，一般是 PVC 管直径＋10 mm。

（3）电源线配线时，应满足用电设备的最大输出功率。一般情况下，照明、插座所用导线截面积为 2.5 mm²，空调所用导线截面积为 4 mm²。

（4）暗线敷设必须配阻燃 PVC 管。插座用 SG20 管，照明用 SG16 管。当管线长度超过 15 m 或有两个直角弯时，应增设拉线盒。天棚上的灯具应设拉线盒固定。

（5）PVC 管应用管卡固定。PVC 管接头均用配套接头，用 PVC 胶水粘牢，弯头均用弹簧弯曲。暗盒、拉线盒与 PVC 管用锣接固定。

（6）PVC 管安装好后，统一穿电线，同一回路电线应穿入同一根管内，但管内总根数不应超过 8 根，电线总截面积（包括绝缘外皮）不应超过管内截面积的 40%。

（7）电源线与通信线不得穿入同一根管内。

（8）电源线及插座与电视线及插座的水平间距不应小于 500 mm。

（9）电线与暖气、热水、煤气管之间的平行距离不应小于 300 mm，交叉距离不应小于 100 mm。

（10）穿入配管导线的接头应设在接线盒内，线头要留有余量 150 mm，接头搭接应牢固，绝缘带包缠应均匀紧密。

（11）安装电源插座时，面向插座的左侧应接零线（N），右侧应接相线（L），中间上方应接保护地线（PE）。保护地线为 2.5 mm² 的双色软线。

（12）当吊灯自重在 3 kg 及以上时，应先在顶板上安装后置埋件，然后将灯具固定在后置埋件上。严禁安装在木楔、木砖上。

（13）连接开关、螺口灯具导线时，相线应先接开关，开关引出的相线应接在灯中心的端子上，零线应接在螺纹的端子上。

（14）导线间和导线对地间电阻必须大于 0.5 MΩ。

（15）电源插座底边距地宜为 300 mm，平开关板底边距地宜为 1 300 mm。挂壁空调插座的高度为 1 900 mm。脱排插座高 2 100 mm，厨房插座高 950 mm，挂式消毒柜插座高 1 900 mm，洗衣机插座高 1 000 mm。电视机插座高 650 mm。

（16）同一室内的电源、电话、电视等插座面板应在同一水平标高上，高差应小于 5 mm。

（17）每户应设置强弱电箱，配电箱内应设动作电流 30 mA 的漏电保护器，分数路经过控开后，分别控制照明、空调、插座等。控开的工作电流应与终端电器的最大工作电流相匹配，一般情况下，照明 10 A、插座 16 A、柜式空调 20 A、进户 40～60 A。

（18）安装开关、面板、插座及灯具时应注意清洁，宜安排在最后一涂乳胶漆之前。

5. 现代家装电路设计与施工

（1）家庭装修中，要涉及强电（照明、电器用电）和弱电（电视、电话、音响、网络等），电路线埋暗线，线材很重要。

（2）电线规格的选用。家庭装修中，按国家的规定，照明、开关、插座要用 2.5 mm² 的电线，空调要用 4 mm² 的电线，热水器要用 6 mm² 的电线。

（3）水电施工的基本原则。

水电的施工原则：走顶不走地，若顶不能走，考虑走墙，若墙也不能走，才考虑走地。走顶的线在吊顶或者石膏线里面，即使出了故障，检修也方便，损失不大，如果全部走地，检修时就要将地板掀起来。若地面是混凝土结构，要埋线管，必然会伤害到混凝土层，甚至钢筋。

① 定位。首先要根据电的用途进行电路定位，如哪里要开关、哪里要插座、哪里要灯等电工会根据要求进行定位，如图 6 - 24 所示。

② 开槽。定位完成后，电工根据定位和电路走向开布线槽，线路槽布置很有讲究，要横平竖直，但规范的做法是不允许开横槽，因为这会影响墙的承受力，如图 6 - 25 所示。

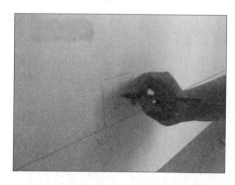
图 6 - 24　定位

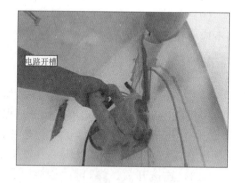
电路开槽
图 6 - 25　开槽

③ 布线。布线一般采用线管暗埋的方式。线管有冷弯管和 PVC 管两种，冷弯管可以弯曲而不断裂，是布线的最好选择，因为它的转角是有弧度的，线可以随时更换，而不用开墙。

④ 弯管。冷弯管要用弯管工具，弧度应该是线管直径的 10 倍，这样穿线或拆线才能顺利。

⑤ 布线要遵循的原则。

a. 如图 6 - 26 所示，强、弱电的间距要在 30～50 cm，因为强电会干扰电视

和电话。

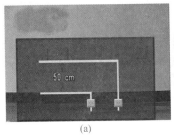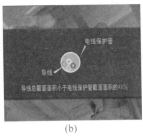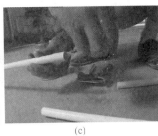

图 6-26　布线原则

b. 强、弱电不能同穿在一根管内；图 6-27 所示的管内导线总截面面积要小于保护管截面面积的 40%，如 20 管内最多穿 4 根 2.5 mm² 的线。

c. 长距离的线管尽量用整管；如图 6-27 所示线管如果需要连接，要用接头，接头和管要用胶粘好。

d. 如图 6-27（a）所示，如果有线管在地面上，应立即保护起来，防止被踩裂，影响以后的检修。

e. 如图 6-27（b）所示，当布线长度超过 15 m 或中间有 3 个弯曲时，在中间应该加装一个接线盒，因为拆装电线时太长或弯曲多了，线从穿线管过不去。

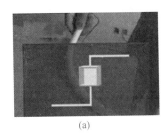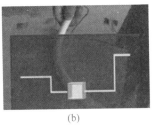

图 6-27　布线原则一

f. 如图 6-27（c）所示，一般情况下，电线线路要和暖气、煤气管道相距 40 cm 以上。

g. 一般情况下，空调插座安装离地 2 m 以上。如图 6-28（a）所示，在没有特别要求的前提下，插座安装应该离地 30 cm 高度。

h. 开关、插座面对面板，应该左侧零线，右侧火线，如图 6-28（b）所示。

i. 如图 6-28（c）所示，家庭装修中，电线只能并头连接，绝对不是随便一接就 OK 那么简单。

j. 如图 6-29 所示，接头处采用按压，必须要结实、牢固，要立即用绝缘胶布缠好，如图 6-29（a）、（b）所示。

k. 如图 6-29（c）所示，家里不同区域的照明、插座、空调、热水器等电路都要分开分组布线；一旦哪个电器出现故障需要断电检修时，不影响其他电器的正常使用。

(a)

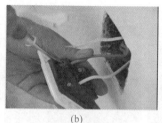

(b)

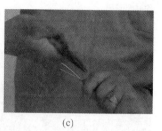

(c)

图 6 - 28　布线原则二

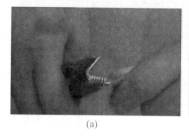

(a)

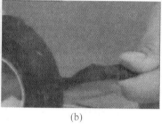

(b)

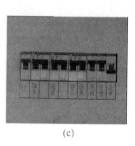

(c)

图 6 - 29　布线原则三

l. 很关键的一点是，在做完电路后，一定要让施工方出示一份电路布置图，一旦以后要检修或墙面修整或在墙上打钉子，可防止电线被损坏。

6.3　工作单

操作员：_____　　　"7S"管理员：_____　　　记分员：_____

实训项目	一室一厅家庭照明电路的安装			
实训时间		实训地点	实训课时	2
使用设备	电工实验台、导线、灯座、插座、灯泡、电能表、剥线钳、尖嘴钳、电工锤、布线木板、开关、线卡			
制订实训计划				

续表

实施	一室一厅家庭照明电路的安装	操作步骤	(1) 打开单相电度表的盒盖，注意 1、3 端接电源，2、4 端接负载。 (2) 将实训设备空气开关、灯座、插座与单相电度表固定在木板上，按图 6-30 所示接线，并自我检查一遍。 (3) 接头连接。零线直接进灯座，火线经开关后再进灯座；零线、火线直接进插座。导线必须铺得横平、竖直和平服，线路应整齐、美观、符合工艺要求。 (4) 经教师检查确认接线正确后，接通电源，操作开关，观察实训结果。 (5) 导线布线要求横平竖直，弯成直角，少用导线、少交叉，多线并拢一起走 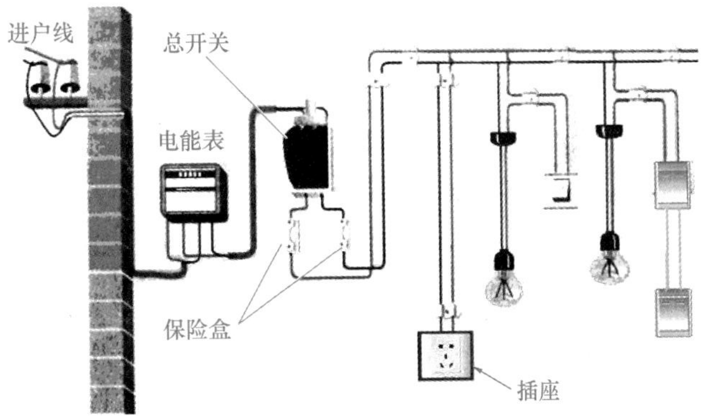 图 6-30 照明电路接线
评价	项目评定		根据项目器材准备、实施步骤、操作规范 3 个方面评定成绩
	学生自评		根据评分表打分
	学生互评		互相交流，取长补短
	教师评价		综合分析，指出好的方面和不足的方面

项目评分表

本项目合计总分：_____

1. 功能考核标准（90 分）

工位号_____   成绩_____

项目	评分项目	分值	评分标准	得分
器材准备	实训所需器材	30	准备好实验所需器材得 30 分，少准备一种器材扣 3 分	

项目	评分项目		分值	评分标准	得分
实施过程	不同参数标注方法的电容器的直观识别	元器件测试	20	功能不正常的可以申请更换。功能不正常但又没有发现的视为人为损坏，每损坏一个元器件扣3分	
		安装工艺	60 30	（1）布线不横平竖直，每根扣1分（最多扣5分）； （2）导线交叉，每处扣1分（最多扣5分）； （3）进入电器的导线不通过进线孔，每根扣1分（最多扣5分）； （4）接头旋向错误，每处扣1分（最多扣5分）； （5）接头露铜过长（大于3 mm），每处扣1分（最多扣5分）； （6）接头松动，每处扣1分（最多扣5分）； （7）按图接线，少接一处扣2分（最多扣5分）； （8）整体布局美观得10分；否则酌情扣分	
		电路功能（加电试验）	10	电路通电正常，一个开关能使灯泡亮的同时另一个开关能使该灯泡灭，得10分；否则酌情扣分	

2. 安全操作评分表（10分）

工位号_____   成绩_____

项目	评分点	配分	评分标准	得分
职业与安全知识	完成工作任务的所有操作是否符合安全操作规程	5	符合要求得5分，基本符合要求得3分，一般得1分	
	工具摆放、包装物品等的处理是否符合职业岗位的要求	3	符合要求得3分，有两处错得1分，两处以上错得0分	
	遵守现场纪律，爱惜现场器材，保持现场整洁	2	符合要求得2分，未做到扣2分	
项目	加分项目及说明			加分
奖励	整个操作过程中对现场进行"7S"现场管理和工具器材摆放规范到位的加10分； 用时最短的3个工位（时间由短到长排列）分别加3分、2分、1分			

续表

项目	扣分项目及说明	扣分
违规	（1）发生重大安全事故，总分计 0 分； （2）带电操作（不包括通电试验）每次扣 5 分； （3）通电试验时烧断熔断器等器件扣 5 分； （4）操作台、安装板上乱放工具、导线，扣 5 分； （5）结束后不整理现场环境，扣 5 分	

6.4　课后练习

1. 填空题

（1）正弦交流电可以用_____相量和_____相量来表示。

（2）确定正弦量的三要素有_____、_____、_____。

（3）只有电阻和电感元件相串联的电路，电路性质呈_____性；只有电阻和电容元件相串联的电路，电路性质呈_____性。

（4）纯电阻正弦交流电路中，电压有效值与电流有效值之间的关系为_____，电压与电流在相位上的关系为_____。

（5）交流电的周期是指_____，用符号_____表示，其单位为_____；交流电的频率是指_____，用符号_____表示，其单位为 Hz。它们的关系是_____。

（6）有效值与最大值之间的关系为_____，在交流电路中通常用_____进行计算。

2. 判断题

（1）用交流电压表测得交流电压是 220 V，则此交流电压的最大值是 311 V。
（　　）

（2）用交流电表测得交流电的数值是平均值。（　　）

（3）正弦量的三要素是指最大值、角频率和相位。（　　）

3. 选择题

（1）交流电的周期越长，说明交流电变化得（　　）。

A. 越快　　　　　B. 越慢　　　　　C. 不变　　　　　D. 无法判断

（2）已知 $u_1 = 100\sin\left(314t + \dfrac{\pi}{6}\right)$ V，$u_2 = 80\sin\left(314t - \dfrac{\pi}{3}\right)$ V，则（　　）。

A. u_1 比 u_2 超前 30°　　　　　　　B. u_1 比 u_2 滞后 30°

C. u_1 比 u_2 超前 90°　　　　　　　D. 不能判断相位差

(3) 在纯电感电路中,已知电流的初相角为$-60°$,则电压的初相角为（　　）。

A. $30°$　　　　　　B. $60°$　　　　　　C. $90°$　　　　　　D. $120°$

(4) 某正弦电压有效值为 380 V,频率为 50 Hz,计时开始数值等于 380 V,其瞬时值表达式为（　　）。

A. $u=380\sin314t$ V

B. $u=537\sin(314t+45°)$V

C. $u=380\sin(314t+90°)$V

D. $u=537\sin(314t+180°)$V

4. 技能测试

设计三室一厅的配电线路图。

要求:

(1) 根据房屋图纸设计家庭配电线路图。

(2) 家庭用电器:客厅:空调 3 kW,电视机 100 W,照明灯及装饰灯 200 W。主卧室:空调 1.5 kW,电视机 100 W,照明 100 W。客卧及书房:空调各 1.5 kW,照明各 100 W。厨房:电冰箱 60 W,消毒柜 100 W,抽烟机 60 W,热水器 60 W,照明灯 100 W。卫生间:浴霸 1 kW,照明 40 W。根据以上家用电器选择或购买家庭配电材料。

材料名称	规格	数量	材料名称	规格	数量

项目7 提高电路功率因数

日光灯在生活中应用广泛，能够正确安装日光灯电路是中职学生必备的技能；电感器是电工技术中又一重要元器件，其主要作用是阻交流通直流，阻高频通低频（滤波），可实现振荡、调谐、耦合、滤波、延迟、偏转等；功率因数是衡量电气设备效率高低的重要指标，提高负载的功率因数有着重要的经济意义。

本项目主要介绍电感器的识别、检测与日光灯电路安装；讲解电阻、电容、电感在交流电路中的应用，功率因数提高的意义及其方法。

7.1 任务书

7.1.1 任务单

项目7	提高电路功率因数	工作任务	(1) 安装日光灯电路；(2) 认识电感；(3) 提高电路功率因数	
学习内容	(1) 安装日光灯电路；(2) 认识电感；(3) 提高电路功率因数	教学时间/学时		8
学习目标	(1) 能阐述日光灯电路的组成及工作原理，学会正确安装日光灯；(2) 能对常用电感元件进行识别与检测；(3) 能说出电阻、电容和电感在交流电路中的应用；(4) 阐述功率因数及其提高的意义，并能掌握提高功率因数的方法			
思考题	(1) 某电感器的色环依次为蓝、绿、红、银，表明此电感器的电感量为多少？			
	(2) 电感器在工作时会消耗电能吗？			
	(3) 日光灯的结构是怎样的？			

7.1.2　资讯途径

序号	资讯类型
1	上网查询
2	电感器的识别方法相关资料
3	日光灯安装说明与故障排除资料

7.2　学习指导

7.2.1　训练目的

（1）认识日光灯结构及各部件名称，会组装日光灯，能够排除日光灯故障。

（2）通过观察，认识电感的种类，会检测电感。

（3）通过实验，了解纯电阻交流电路、纯电容交流电路和纯电感交流电路的特点，知道产生功率因数的方法，了解提高电路功率因数的措施。

7.2.2　训练重点及难点

（1）安装日光灯电路。

（2）认识电感。

（3）提高电路功率因数。

7.2.3　提高电路功率因数的相关理论知识

1.安装日光灯电路

1）认识日光灯的组成

观察图7-1可以发现，日光灯由灯管、镇流器、起辉器、灯座和灯架组成。

（1）灯管。

常见的日光灯灯管是一根长15～40.5 mm的玻璃管，在灯管内壁上涂有荧光粉，灯管两端各有一根灯丝，固定在灯管两端的灯脚上。灯丝上涂有氧化物，当灯丝通过电流而发热时，便发射出大量的电子，管内在真空情况下充有一定量的氩气和少量水银，如图 7-2 所示，当灯管两端加上电压时，灯丝发射出的电子便不断轰击水银蒸气，使水银分子在碰撞中电离，并迅速使带电粒子增值，产生肉眼看不见的紫外线，紫外线射到玻璃管内壁的荧光粉上，便发出近似日光色的可见光，氩气有帮助灯管点燃并保护灯丝、延长灯管使用寿命的作用。常见日光灯规格如表 7-1 所示。

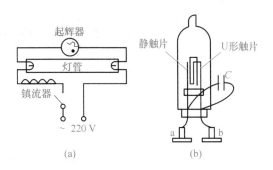

图 7-1 线圈镇流器式日光灯电路

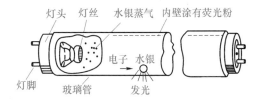

图 7-2 日光灯灯管结构

表 7-1 常见日光灯规格

项目 \ 类别	直管形荧光灯	彩色直管形荧光灯	单端紧凑型节能荧光灯（节能灯）
图例			
尺寸规格	T5、T8、T10、T12	T4、T5、T8	
功率/W	4、6、8、12、15、20、30、36、40、65、80、85 和 125	20、30、40	5、7、9、11、13、18、36、45、65、85、105
使用注意事项	（1）管径大于 T8（含 T8）的荧光灯管，起辉点燃电压较低，可以采用电感式镇流器，进行起辉点燃运行；（2）管径小于 T8 的荧光灯管，起辉点燃电压较高，不能采用电感式镇流器，进行起辉点燃运行，必须匹配电子式镇流器		

（2）镇流器。

常见的日光灯用镇流器主要是电感式镇流器和电子式镇流器，如图 7-3 所示。

（a）　　　　　　　　　　　　　　（b）

图 7-3　常见的日光灯镇流器

（a）电感式镇流器；（b）电子式镇流器

电感式镇流器是具有铁芯的电感线圈，它有两个作用：一是在起动时与起辉器配合，产生瞬时高压点燃灯管；二是灯管发光后又起分压作用。

电子式镇流器是指采用电子技术驱动电光源，使之产生所需照明的电子设备。现代日光灯越来越多地使用电子镇流器，轻便小巧，甚至可以将电子镇流器与灯管等集成在一起（如节能灯），同时，电子镇流器通常可以兼具起辉器功能，故又可省去单独的起辉器。

电感式镇流器与电子式镇流器相关参数对比如表 7-2 所示。

表 7-2　电感式镇流器与电子式镇流器对比

镇流器	节能	起辉条件	灯管寿命	电压波动	噪声	温升
电感式	功率消耗大	＞180 V	起动一次减 2 h	＞180 V	大	高
电子式	功率消耗小	100 V	基本无影响	135～250 V	小	50 ℃

（3）起辉器（见图 7-4）。

起辉器又名起动器或跳泡。起辉器的基本组成可分为充有氖气的玻璃泡、静触片、动触片。触片为双金属片。起辉器中还有个电容，与氖泡并联，作用是吸收辉光放电而产生的谐波，以免影响电视、收音机、音响、手机等设备的正常运作。还能使动、静触片在分离时不产生火花，以免烧坏触点。

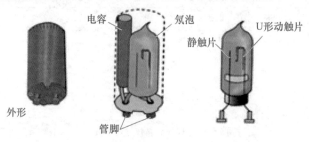

图 7-4　起辉器

起辉器的工作原理：起辉器是一个预热日光灯灯丝，并提高灯两端电压，以利点亮灯管的自动起动开关。利用高压可以导通灯管内部的汞蒸气，灯管里的汞蒸气一经导通正常工作后，由于日光灯管的负阻特性，其两端电压低于起辉器放电管的电离电压，放电管将保持熄灭状态。

（4）灯座。

灯座的作用是将灯管支撑在灯架上，灯座有开启式（左）和插入式（右）两种，如图 7 - 5（a）所示。开启式灯座分大型和小型两种，6 W、8 W、12 W、13 W 的细灯管用小型灯座，15 W 以上的灯管用大型灯座。

（a）　　　　　　　　　　　　　　　　（b）

图 7 - 5　灯座和灯架

① 对插入式灯座，先将灯管一端灯脚插入带弹簧的一个灯座，稍用力使弹簧灯座活动部分收缩一段距离，另一端趁势插入不带弹簧的灯座。

② 对开启式灯座，先将灯管两端灯脚同时卡入灯座的开缝中，再用手握住灯管两端灯头旋转约 1/4 圈，灯管的两个引出脚就被弹簧卡紧使电流接通。

（5）灯架（见图 7 - 5（b））。

灯架用来装置灯座、灯管、起辉器、镇流器等日光灯零部件，有木制、铁皮制、铝皮制等几种。其规格应配合灯管长度、数量和光照方向选用。灯架长度应比灯管稍长，反光面应涂白色或银色油漆，以增强光线反射。

2）认识日光灯的工作原理

日光灯镇流器分单线圈式和双线圈式两种，它的电路接法也有图 7 - 6 所示的几种形式。

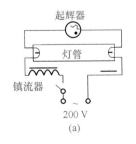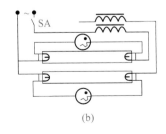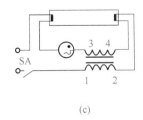

（a）　　　　　　　　　　　（b）　　　　　　　　　　　（c）

图 7 - 6　日光灯常用电路

（a）单线圈式单管电路；（b）单线圈式双管电路；（c）双线圈式单管电路

单线圈式镇流器日光灯的工作原理：如图 7 - 6（a）所示，开关、镇流器、灯管两端的灯丝和起辉器，可认为处于串联状态。当日光灯电路接通电源后，因灯管尚未导通，故电源电压全部加在起辉器两端，使氖泡的两电极之间发生辉光放电，使可动电极的双金属片因受热膨胀而与固定电极接触，于是电源、镇流器、灯丝和起辉器构成一个闭合回路，所通过的电流使灯丝得到预热而发射电子。在氖泡内，两电极接触后辉光放电熄灭，随之双金属片冷缩与固定电极断开，断开的瞬间使电路的电流突然消失，瞬时在电感上产生一个比电源电压高得多的感应电动势，连同电源电压一起加在灯管的两端，使灯管内的惰性气体电离而引起弧光放电，产生大量紫外线，灯管内壁的荧光粉吸收紫外线后，辐射出可见光，日光灯就开始正常工作。在正常状态下，镇流器对灯管起分压和限流作用，使灯管电流不致太大。

双线圈式镇流器日光灯的工作原理如图 7 - 6 (c) 所示。开启电源，当电流流过主线圈 1、2 端时，在副线圈 3、4 端中感应出电动势。感应电动势经过起辉器和灯管一端灯丝后，加在主线圈上，这个感应电动势与主线圈电动势方向相反，将主线圈磁场抵消一部分，从而减小了主线圈的交流阻抗，使主线圈中供电电流增加，给镇流器储存更多的能量，使灯管中两灯丝之间发射的电子对水银蒸气的轰击力更大，容易使灯管起辉。当灯管点燃后，起辉器断开，副线圈感应电动势消除，不再影响主线圈磁场，使主线圈恢复到较高阻抗，限制日光灯的工作电流，保证灯管正常工作。

3）安装日光灯

安装日光灯，首先是对照电路图连接线路、组装灯具，然后在建筑物上固定，并与室内的主线接通。安装前应检查灯管、镇流器、起辉器等有无损坏、是否互相配套，然后按下列步骤安装（见图 7 - 7）。

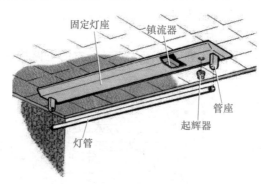

图 7 - 7　组装日光灯

（1）准备灯架。

根据日光灯管长度的要求，购置或制作与之配套的灯架。

（2）组装灯架。

对于分散控制的日光灯，将镇流器安装在灯架的中间位置，对于集中控制的几盏日光灯，几只镇流器应集中安装在控制点的一块配电板上。然后将起辉器座安装在灯架的一端，两个灯座分别固定在灯架两端，中间距离要按所用灯管长度量好，使灯管两端灯脚既能插进灯座插孔，又能有较紧的配合。各配件位置固定后，按电路图进行接线，只有灯座才是边接线边固定在灯架上。接线完毕，要对照电路图详细检查，以免接错、接漏。

（3）固定灯架。

固定灯架的方式有吸顶式和悬吊式两种。吸顶式一般是将灯架固定在天花板上，悬吊式又分金属链条悬吊和钢管悬吊两种。安装前先在设计的固定点打孔预埋合适的紧固件，然后将灯具固定在紧固件上。之后把起辉器旋入底座，把日光灯管装入灯座，开关、熔断器等按白炽灯安装方法进行接线。检查无误后，即可通电试用。

4）排除日光灯故障

日光灯在工作中会出现故障，了解日光灯常见故障，有助于提高维修技能，常见故障如表 7 - 3 所示。

表 7 - 3　日光灯常见故障及排除方法

故障现象	故障原因	排除方法
灯管不发光	电源没有接通	检查镇流器是否获得了 220 V 电源，若没有则检查配电系统
	灯管灯丝烧断（针对电子镇流器）	用万用表测量灯管的灯丝电阻是否正常，若不正常则说明灯管损坏，请更换灯管
	灯具接插件接触不良	检查接插件是否氧化，尝试重新安装这些零件
	镇流器损坏	尝试更换镇流器。一般来说，电感镇流器不太容易坏，而电子镇流器的故障率相对较高
	灯管漏气（针对冷阴极镇流器）	尝试更换灯管
	起辉器损坏（针对电感镇流器）	将起辉器短路一下，灯管应该起辉发光，这说明起辉器发生了开路性故障，尝试更换起辉器即可。起辉器接触不良的现象也很常见
灯丝立即烧断	镇流器损坏	检查电路接线，看镇流器是否与灯管灯丝串联在电路中；如接线正确，再用万用表检查镇流器是否短路，如短路则说明镇流器已失去限流作用，无疑要烧毁灯丝，应更换或修复后再使用
	灯管漏气	若镇流器未短路，通电后灯管立即冒白烟，随即灯丝烧毁，说明灯管严重漏气，应更换新的灯管

145

故障现象	故障原因	排除方法
两端亮中间不亮	灯管漏气（针对电感镇流器和常见的普通电子镇流器）	电感镇流器，若出现灯管两端存在闪烁的橙红色光，则说明灯管严重老化或者漏气，可以尝试更换灯管
	起辉器损坏（针对电感镇流器）	灯管两端出现稳定的没有闪烁的橙红色光，并且通电情况下拆下起辉器，灯管可以正常点亮，这说明起辉器存在短路性故障（大多是起辉器内双金属片粘连，或起辉器内部电容击穿），更换起辉器即可
	谐振电容击穿（针对常见的普通电子镇流器）	这种故障在维修中很常见，电子镇流器出现灯丝发红但灯管不起动现象大多是这种情况，可以尝试更换镇流器
	灯丝烧断（针对电感镇流器）	一端发光，另一端不发光，有可能是发光的这一端的灯丝已经烧断

2. 认识电感

1）自感现象

当导体中的电流发生变化时，它周围的磁场就随着变化，并由此产生磁通量的变化，因而在导体中就产生感应电动势，这个电动势总是阻碍导体中原来电流的变化，此电动势即自感电动势。这种现象就叫做自感现象。

由初中物理知道，当电流流过线圈时，就会有磁通穿过线圈，在载流线圈中，载流线圈激发的磁场与其电流 I 成正比，通过线圈的磁通匝链数 Ψ（当线圈为多匝时，通过各匝线圈的磁通量之和称为磁通匝链数 Ψ，若通过每匝线圈的磁通量 Φ 都相同，则 $\Psi=N\Phi$，N 为线圈匝数）也与 I 成正比，即

$$\Psi=LI=N\Phi$$

同一电流通过不同导体时产生的感应电动势各不相同，为了表示各个线圈产生自感磁链的能力，将线圈的自感磁链与电流的比值叫做线圈的自感系数，也称自感量，简称电感，单位是亨利（H）。如果通过线圈的电流在 1 s 内改变 1 A 时产生的自感电动势是 1 V，这个线圈的自感系数就是 1 H。常用单位有毫亨（mH）、微亨（μH）和纳亨（nH）。它们之间的换算关系为

$$1\ H=10^3\ mH=10^6\ \mu H=10^9\ nH$$

自感系数与电流大小无关，取决于线圈的大小、形状、匝数以及周围磁介质的磁导率。对于相同的电流变化率，L 越大，自感电动势越大，即自感作用越强。

2）电感器的结构与分类

电感器是利用电磁感应原理制作的，用绝缘导线绕制的各种线圈，用导线绕成一匝或多匝以产生电感作用的电子元件，它在手机、计算机、收音机、电视

机、充电器、电风扇、日光灯等电器产品中有广泛的应用。

电感器按其结构的不同，可分为线绕式电感器和非线绕式电感器（多层片状、印刷电感等），还可分为固定电感器和可调电感器。

（1）固定电感器。

固定电感器分为大中型固定电感器与小型固定电感器。

① 大中型固定电感器。大中型固定电感器一般由骨架、绕组、屏蔽罩、封装材料、磁芯或铁芯等组成，如图 7-8 所示。

图 7-8　大中型固定电感

② 小型固定电感器。小型固定电感器通常是用漆包线在磁芯上直接绕制而成，主要用在滤波、振荡、陷波、延迟等电路中，它有密封式和非密封式两种封装形式，两种形式又都有立式和卧式两种外形结构。

a. 立式密封固定电感器。如图 7-9 所示，立式密封固定电感器采用同向型引脚，国产有 LG 和 LG2 等系列电感器，其电感量范围为 $0.1 \sim 2\,200\,\mu H$（直接标在外壳上），额定工作电流为 $0.05 \sim 1.6\,A$，误差范围为 $\pm 5\% \sim \pm 10\%$。进口有 TDK 系列色码电感器，其电感量用色点标在电感器表面。

图 7-9　立式密封固定电感器

b. 卧式密封固定电感器（见图 7-10）。卧式密封固定电感器采用轴向型引脚，国产有 LG1、LGA、LGX 等系列。LG1 系列电感器的电感量范围为 $0.1 \sim 22\,000\,\mu H$（直接标在外壳上），额定工作电流为 $0.05 \sim 1.6\,A$，误差范围为 $\pm 5\% \sim \pm 10\%$。LGA 系列电感器采用超小型结构，外形与 $1/2\,W$ 色环电阻器相似，其电感量范围为 $0.22 \sim 100\,\mu H$（用色环标在外壳上），额定电流为 $0.09 \sim 0.4\,A$。LGX 系列色码电感器也为小型封装结构，其电感量范围为 $0.1 \sim 10\,000\,\mu H$，额定电流分为 $50\,mA$、$150\,mA$、$300\,mA$ 和 $1.6\,A$ 这 4 种规格。

（2）可调电感器（见图7-11）。

常用的可调电感器有半导体收音机用振荡线圈、电视机用行振荡线圈、行线性线圈、中频陷波线圈、音响用频率补偿线圈和阻波线圈等。

图7-10　卧式密封固定电感器　　　　　图7-11　可调电感器

3）电感器的识别

在电路原理图中，电感常用符号"L"或"T"表示，不同类型的电感在电路原理图中通常采用不同的符号来表示，如图7-12所示。

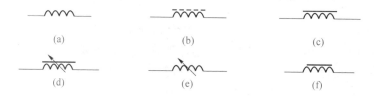

图7-12　电感的电路符号

（a）空心电感；（b）铁氧体磁芯电感；（c）铁芯电感；
（d）磁芯可调电感；（e）空心可调电感；（f）铜芯电感

常规电感器的电感量通常有以下几种表示法。

（1）直标法。

直标法是将电感的标称电感量用数字和文字符号直接标在外壳上，数字是标称电感量，其单位是 μH 或 mH，电感量单位后面的字母表示偏差。各字母所代表的允许偏差见表7-4。例如，560 μHK，表示标称电感量为560 μH，允许偏差为±10%。

（2）文字符号法。

文字符号法是将电感的标称值和偏差值用数字和文字符号法按一定的规律组合标识在电感体上。如图7-13所示，采用文字符号法表示的电感通常是一些小功率电感，单位通常为 nH 或 μH。用 μH 作单位时，"R"表示小数点；用"nH"作单位时，"N"表示小数点。例如，4N7表示电感量为4.7 nH，4R7则代表电感量为4.7 μH；47N表示电感量为47 nH，6R8表示电感量为6.8 μH。采用这种标示法的电感器通常后缀一个英文字母表示允许偏差，各字母代表的允许偏差与直标法相同（见表7-4）。

表 7 - 4　代表电感允许偏差的字母的意义

英文字母	允许偏差/%	英文字母	允许偏差/%	英文字母	允许偏差/%
Y	±0.001	W	±0.05	G	±2
X	±0.002	B	±0.1	J	±5
E	±0.005	C	±0.25	K	±10
L	±0.01	D	±0.5	M	±20
P	±0.02	F	±1	N	±30

图 7 - 13　文字符号标注的电感

（3）色标法。

色标法是在电感表面涂上不同的色环来代表电感量（与电阻类似），通常用 3 个或 4 个色环表示。如图 7 - 14 所示，识别色环时，紧靠电感体一端的色环为第一环，露出电感体本色较多的另一端为末环。其第一色环是十位数，第二色环为个位数，第三色环为应乘的倍数，第四色环为误差率。例如，色环颜色分别为红、红、黑、金的电感器的电感量为 22 μH，误差为 ±5%。注意：用这种方法读出的色环电感量默认单位为微亨（μH）。

（4）数码表示法。

数码表示法是用 3 位数字来表示电感量的方法，常用于贴片电感上。3 位数字中，从左至右的第一、第二位为有效数字，第三位数字表示有效数字后面所加"0"的个数，如图 7 - 15 所示。注意：用这种方法读出的色环电感量，默认单位为微亨（μH）。如果电感量中有小数点，则用"R"表示，并占一位有效数字，如标示为"330"的电感为 $33 \times 10^0 = 33$ μH。

图 7 - 14　色标法标注的电感　　　图 7 - 15　数码表示法的电感

4）电感器的检测

如果需要准确测量电感线圈的标准电感量 L 和品质因数 Q，可以使用万能电桥或 Q 表。测量时应该注意选择相应的工作频率，这样得出的数据才有意义。采用具有电感挡的数字万用表来检测电感很方便。电感是否开路或局部短路，以及电感量的相对大小可以用万用表作出粗略检测和判断。

对于通常意义的检查，通常有以下几种方法。

（1）外观检查。

检测电感时先进行外观检查，看线圈有无松散、引脚有无折断、线圈是否烧毁或外壳是否有烧焦等现象。若有上述现象，则表明电感已损坏。

（2）万用表电阻法检测。

用万用表的欧姆挡测线圈的直流电阻。电感的直流电阻值一般很小，匝数多、线径细的线圈能达几十欧；对于有抽头的线圈，各引脚之间的阻值均很小，仅有几欧姆左右。若用万用表 $R \times 1\ \Omega$ 挡测线圈的直流电阻，阻值比正常值小很多，则说明有局部短路；阻值为零，说明线圈完全短路。

（3）万用表电压法检测（见图 7-16）。

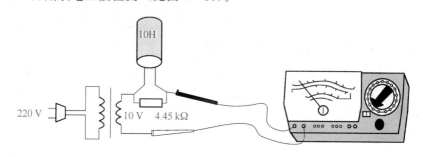

图 7-16　万用表电压法检测电感

万用表电压法检测实际上是利用万用表测量电感量，以 MF50 型万用表为例，检测方法如下。万用表的刻度盘上有交流电压与电感量相对应的刻度，如图 7-17 所示。

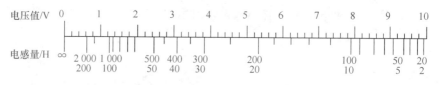

图 7-17　MF50 型万用表电感量刻度

① 选择量程。把万用表转换开关置于交流 10 V 挡。

② 配接交流电源。准备一只调压型或输出 10 V 的电源变压器，然后按图 7-16 所示的方法进行连接测量。

③ 测量与读数。将交流电源、电容器、万用表串联成闭合回路，上电后进行测量。待表针稳定后即可读数。

3. 提高日光灯功率因数

下面先介绍电阻、电容和电感在交流电路中的应用。

（1）纯电阻电路。

纯电阻电路就是除电源外只有电阻元件的电路，或有电感和电容元件，但它们对电路的影响可忽略。电压与电流同频且同相位。电阻将从电源获得的能量全部转变成内能，这种电路就叫做纯电阻电路。它们在交流电路中的电压和电流的瞬时值、有效值、最大值都满足欧姆定律，即

$$i_R = \frac{u_R}{R}, \quad I_{Rm} = \frac{U_{Rm}}{R}, \quad I = \frac{U}{R}$$

在纯电阻电路中，电阻的电压和电流的波形及相量图如图 7-18 所示。

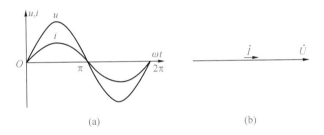

(a) (b)

图 7-18 纯电阻交流电路

(a) 波形；(b) 相量图

纯电阻电路在生活中应用非常广泛，基本上只要电能除了转化为热能以外没有其他能的转化，此电路为纯电阻电路。经常用它们来取暖、照明等，如电灯、电烙铁、熨斗、电炉等。

（2）纯电感电路。

①感抗。在交流电路中，如果只用电感线圈作负载，且这些线圈的内阻可忽略不计，那么这种电路称为纯电感电路。电感器是交流电路中重要的负载元件之一。为了研究它在交流中的作用，做图 7-19 所示的仿真任务。

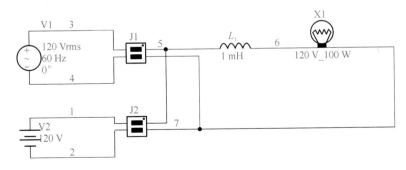

图 7-19 电感在交流电路中的作用

通过观察，发现灯泡在交流电下比直流电下暗，说明电感对交流电有阻碍作

用。根据电磁感应定律，当电感线圈中的电流发生变化时，线圈中将产生感应电动势反抗电流的变化。

在电工技术中，把电感线圈对电流的阻力叫做感抗，记为 X_L，单位为 Ω。在交流电源下，分别增大上述电源频率 f 和电感 L 时，观察到灯泡会比之前暗，表明感抗与电感 L 及流过电流的频率 f 成正比，即

$$X_L = \omega L = 2\pi f L$$

其中，X_L、L、f 的单位分别为欧（Ω）、亨（H）、赫（Hz）。

注意：$X_L = \omega L = 2\pi f L$，虽然式中感抗和电阻类似，等于元件上电压与电流的比值，但它与电阻有所不同，电阻反映了元件上耗能的电特性，而感抗则是表征了电感元件对正弦交流电流的阻碍作用，这种阻碍作用不消耗电能，只能推迟正弦交流电流通过电感元件的时间。

可以看出，当电感 L 一定时，频率越高 X_L 越大；频率越低 X_L 越小。对于直流电而言，由于 $f=0$，则 $X_L=0$，电感相当于短路，因此电感在电路中有"通直流、阻交流；通低频、阻高频"的特性。

在纯电感电路中，线圈电压和电流的瞬时值、最大值、有效值关系也符合欧姆定律，即

$$i_L = \frac{u_L}{X_L} \quad I_m = \frac{U_{Lm}}{X_L} \quad I = \frac{U_L}{X_L}$$

②纯电感电路中的线圈电压和电流的相位关系。当然，要清晰、直观地反映两信号的相位关系，可以用到双踪示波器。要测量纯电感电路中电流与电压的相位差，必须要解决电流波形的显示。在此，可以在电感 L 中串入一个阻值为 1 Ω 的小电阻。由于 $I = \dfrac{U}{R}$，且通过电阻的电流与加在电阻两端的电压的相位是同相，这样，可以把取自小电阻两端的电压 U_R 波形看成是流过小电阻的电流波形，而小电阻与电感是串联，流过电感的电流与流过小电阻的电流是同一电流。由此，双踪示波器可以直接显示流过电感电流的波形了，测量电路如图 7-20 所示。

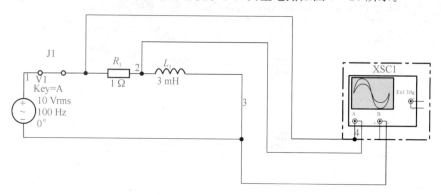

图 7-20　纯电感电路相位关系仿真电路

在电路中加一很小的电阻与电感串联，条件是所加的电阻 R 其阻值必须远远小于电感 L 产生的感抗 X_L，不至于影响电路的性质，即不会影响到电流与电压的相位关系。现以电感量为 $L = 3\text{ mH}$、串联的小电阻 $R = 1\ \Omega$，把信号发生器调制的频率为 100 Hz、波幅为 10 V 的正弦波输入电路。从图 $7 - 21$ 所示的双踪示波器形成的电流与电压波形可以看出，在纯电感电路中，电压超前电流 $\frac{1}{2}\pi$，或者说电流滞后电压 $\frac{1}{2}\pi$。

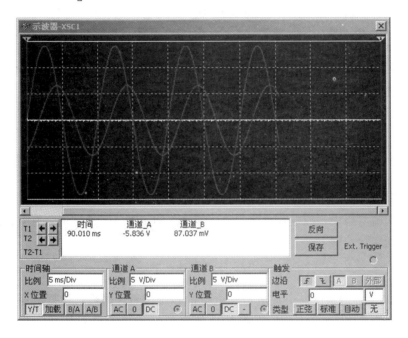

图 $7 - 21$　电感的电压与电流波形关系

（3）纯电容电路。

① 容抗。在交流电路中，如果只用电容器做负载，而且可以忽略介质的损耗，那么这种电路就称为纯电容电路。电容器是交流电路中重要的负载元件之一。"隔直流、通交流；通高频、阻低频"是它的特点之一，为了研究它在交流中的阻碍能力，完成如图 $7 - 22$ 所示的容抗实验。

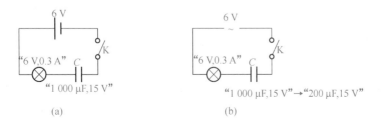

图 $7 - 22$　电容容抗实验

为了说明电容对电流阻碍作用的大小，用一个容量较小的电容器（$200\,\mu F$、$15\,V$）换图 7-22（b）中容量大的电容器，可以看到，电灯的亮度比前次暗得多。这表明电容也对交变电流有阻碍作用。

在交流电路中，电容对交流电的阻碍作用称为容抗，记为 X_C，单位为 Ω。实验表明，电容器的容抗与电容器的电容量和交变电流的频率有关。电容越大，在同样电压下电容器容纳的电荷越多，因此充、放电电流就越大，容抗就越小。交变电流的频率越高，充、放电就进行得越快，充、放电电流就越大，容抗也就越小。进一步的研究指出，电容器的容抗 X_C 与它的电容 C 和交变电流的频率 f 有以下的关系，即

$$X_C = \frac{1}{\omega C} = \frac{1}{2\pi f C}$$

上式中的 X_C、f、C 的单位应分别为 Ω、Hz、F。

同一个电容器对不同频率的交变电流，容抗不同。例如，电流量为 $8\,\mu F$ 的电容器，对于直流电，$f=0$，X_C 为 ∞；对于 50 Hz 的交变电流，$X_C=400\,\Omega$；对于 500 kHz 的交变电流，$X_C=0.04\,\Omega$。所以，电容器在电路中有"通交流、隔直流"或"通高频、阻低频"的特性。这种特性使电容器成为电子技术中一种重要的元件。它在电子电路中，可作为隔直电容器和高频旁路电容器。

在交流电路中，纯电容电路的电压和电流的瞬时值、最大值、有效值关系也符合欧姆定律，即

$$i = \frac{u_C}{X_C}, \quad I_m = \frac{U_{Cm}}{X_C}, \quad I = \frac{U_C}{X_C}$$

② 纯电容电路中的交流电压和电流的相位关系。同理，根据前面测量电感的电压和电流相位实验，只需将其中的电感换成电容就可以了，如图 7-23 所示。

通过实验可得，在纯电容电路中，电流超前电压 $\frac{1}{2}\pi$，或者说电压滞后电流 $\frac{1}{2}\pi$。

（4）RLC 串联电路。

电阻、电感、电容相串联组成的电路叫做 RLC 串联电路，如图 7-24 所示。

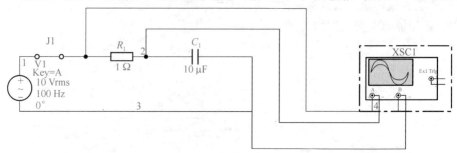

图 7-23 研究纯电容电路的电压与电流相位关系仿真实验

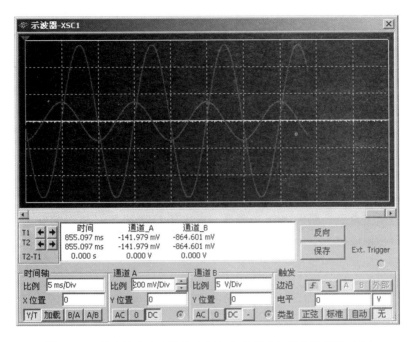

图 7 - 23　研究纯电容电路的电压与电流相位关系仿真实验（续）

设此电路中通过的电流正弦交流电为

$$i = I_m \sin \omega t$$

则电阻两端的电压为

$$u_R = U_{Rm} \sin \omega t = R I_m \sin \omega t$$

电感线圈两端的电压为

$$u_L = U_{Lm} \sin\left(\omega t + \frac{\pi}{2}\right) = X_L I_m \sin\left(\omega t + \frac{\pi}{2}\right)$$

电容器两端的电压为

$$u_C = U_{Cm} \sin\left(\omega t - \frac{\pi}{2}\right) = X_C I_m \sin\left(\omega t - \frac{\pi}{2}\right)$$

图 7 - 24　RLC 串联电路

由基尔霍夫定律可知：

$$u = u_R + u_L + u_C$$

端电压与电流的相位关系：由前述可知，电阻两端的电压和电流同相，电感两端电压超前电流 90°，电容两端电压滞后电流 90°，因此电感上的电压和电容上的电压反相。RLC 串联电路的性质由这两个电压分量的大小确定，根据串联电路电流相等的特点，电路性质即由 X_L 和 X_C 的大小确定。

当 $X_L > X_C$ 时，电压与电流的关系如图 7 - 25 所示，端电压超前电流，电路呈感性，且电压与电流的相位差为

$$\varphi = \arctan \frac{U_L - U_C}{U_R} > 0$$

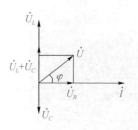

图 7-25 RLC 串联电路相量图

当 $X_L < X_C$ 时，端电压滞后电流，电路呈容性，且电压与电流的相位差为

$$\varphi = \arctan \frac{U_L - U_C}{U_R} < 0$$

当 $X_L = X_C$ 时，电感两端电压与电容两端电压大小相等、方向相反，故端电压等于电阻两端电压，电路呈电阻性，电压与电流同相，电压与电流的相位差为

$$\varphi = 0$$

端电压与电流的大小关系：由图 7-25 可知，电路的端电压与各个分电压构成一个直角三角形，叫做电压三角形。端电压 U 为直角三角形的斜边，直角边由两个分量组成，一个分量是电阻两端的电压 U_R，另一个就是电感与电容的端电压之差，即 $|U_L - U_C|$。

则有

$$U = \sqrt{U_R^2 + (U_L - U_C)^2}$$

将 $U_R = RI$，$U_L = X_L I$，$U_C = X_C I$ 代入得：

$$U = \sqrt{R^2 + (X_L - X_C)^2}\, I = |Z| I$$

$$|Z| = \sqrt{R^2 + (X_L - X_C)^2}$$

式中 $|Z|$ 称为电路的阻抗，单位为 Ω，感抗与容抗的差值称为电抗，用 X 表示，单位也为 Ω，则有

$$|Z| = \sqrt{R^2 + X^2}$$

将电压三角形各边同时除以电流 I 可得阻抗三角形，如图 7-25 所示，$|Z|$ 和 R 两边的夹角 φ 称为阻抗角，它就是端电压与电流的相位差，即

$$\varphi = \arctan \frac{X_L - X_C}{R} = \arctan \frac{X}{R}$$

4. 提高电路的功率因数

1）电路的功率

电路的功率可以直接用功率表进行测试，可以直接读出电路消耗的功率。测试纯电阻电路的功率如图 7-26 所示。

读出电压表、电流表和功率表的读数，将电路中的电阻分别换成纯电感、纯电容和日光灯，分别读出电压表、电流表和功率表的读数。

在交流电路中，总电压有效值和总电流有效值的乘积称为视在功率（S），即

$$S = UI$$

流过电阻的电流与加在电阻两端电压的乘积称为

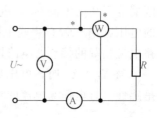

图 7-26 电路功率测量

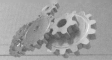

有功功率（P），它为电路实际消耗的功率，即

$$P=U_R I_R$$

由电压三角形可知 $U_R=U\cos\varphi$，且由 $I_R=I$ 得

$$P=UI\cos\varphi=S\cos\varphi$$

由此可知，在纯电阻电路中，电压表、电流表的读数的乘积与功率表的读数相等，即电阻上消耗的功率就是电路的平均功率，即功率表测的功率，从测量结果知道，纯电阻元件上的视在功率等于有功功率。

将上面的电阻分别换成纯电容和纯电感测量可知，功率表的值为0，在一个周期内，纯电容和纯电感电路消耗的平均功率为零，即电感和电容在交流电流中不消耗电能，只储存电能，电容器和电感器上的功率称为无功功率 Q。

纯电容和纯电感上的无功功率分别为

$$Q_L=U_L I;\ Q_C=U_C I$$

在任一时刻，由于电感和电容两端电压是反相的，所以 Q_L 和 Q_C 符号相反，由此得到电路的无功功率 Q 为电感与电容上无功功率之差，即

$$Q=Q_L-Q_C=(U_L-U_C)I$$

$$Q=UI\sin\varphi$$

$$S=UI$$

$$Q=S\sin\varphi$$

由电压三角形可知

$$U_L-U_C=U\sin\varphi$$

所以无功功率为

$$Q=UI\sin\varphi$$

即

$$Q=S\sin\varphi$$

综上可得，视在功率 S、有功功率 P 与无功功率 Q 构成了功率三角形，如图7-27所示，且满足

$$S=\sqrt{P^2+Q^2}$$

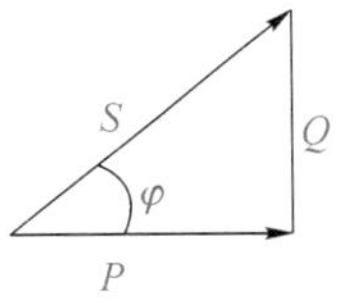

图7-27　功率三角形

2）功率因数

在交流电路中，电压与电流之间的相位差（φ）的余弦叫做功率因数，用符号 $\cos\varphi$ 表示，φ 称为功率因数角。在数值上，功率因数是有功功率和视在功率的比值，即

$$\cos\varphi=\frac{P}{S}$$

功率因数的大小与电路的负荷性质有关，如白炽灯泡、电阻炉等电阻负荷的功率因数为1，一般具有电感性负载的电路功率因数都小于1。功率因数是电力系统的一个重要的技术数据。功率因数是衡量电气设备效率高低的一个系数。电

机系统均消耗两大功率，分别是真正的有用功及电抗性的无用功。功率因数是有用功与总功率间的比率。功率因数越高，有用功与总功率间的比率便越高，系统运行则更有效率，则说明电源的利用率越高；同时，在同一电压下，要输送同一功率，有关系式 $I=\dfrac{P}{U\cos\varphi}$，可见，功率因数低，线路电流就大，输电线路上的功率消耗 I^2R 也就增大（R 为线路等值电阻），使输电功率降低。所以，在供电工程中，力求使功率因数接近于 1，特别是电部门对用电单位的功率因数有一定的标准要求。

【例 7-1】 一台发电机的额定电压为 220 V，输出的总功率为 2 200 kV·A。试求：（1）该发电机能带动多少个 220 V、2.2 kW、$\cos\varphi=0.5$ 的用电器正常工作？（2）该发电机能带动多少个 220 V、2.2 kW、$\cos\varphi=0.8$ 的用电器正常工作？

解 （1）每台用电器占用电源的功率为

$$S_{1台}=\frac{P_{N1台}}{\cos\varphi}=\frac{2.2}{0.5}=4.4(\text{kV}\cdot\text{A})$$

该发电机能带动的电器个数为

$$n=\frac{S_{N电源}}{S_{1台}}=\frac{2\,200\times10^3}{4.4\times10^3}=500(\text{台})$$

（2）每台用电器占用电源的功率为

$$S_{1台}=\frac{P_{N1台}}{\cos\varphi}=\frac{2.2}{0.8}=2.75(\text{kV}\cdot\text{A})$$

该发电机能带动的电器个数为

$$n=\frac{S_{N电源}}{S_{1台}}=\frac{2\,200\times10^3}{2.75\times10^3}=800(\text{台})$$

可见，功率因数从 0.5 提高到 0.8，发电机正常供电的用电器的个数即从 500 个提高到 800 个，使同样的供电设备为更多的用电器供电，大大提高供电设备的能量利用率。

3）提高功率因数的方法

提高负载的功率因数有着重要的经济意义。那么怎样可以提高负载的功率因数呢？功率因数提高分为提高自然功率因数和采用人工补偿两种方法。

（1）提高自然功率因数。

提高自然功率因数主要是通过合理选用电气设备和优化设计，具体措施如下：

① 恰当选择电动机容量，减少电动机无功消耗，防止"大马拉小车"。

② 对平均负荷小于其额定容量 40% 左右的轻载电动机，可将线圈改为三角形接法（或自动转换）。

③ 避免电机或设备空载运行。

④ 合理配置变压器，恰当选择其容量。

⑤ 调整生产班次，均衡用电负荷，提高用电负荷率。

⑥ 改善配电线路布局，避免曲折迂回等。

（2）采用人工补偿。

交流电路中，对于纯电阻电路，负载中的电流与电压同相位；对于纯电感电路，负载中的电流滞后于电压 90°；而对于纯电容电路，负载中的电流则超前于电压 90°，电容中的电流与电感中的电流相差 180°，能相互抵消。电力系统中的负载大部分是感性的，因此总电流将滞后电压一个角度，电力系统中的负载大部分是感性的，因此总电流将滞后电压一个角度，并联电容器后可产生超前电压 90° 的电容支路电流，抵减落后于电压的电流，使电路的总电流减小，从而减小阻抗角，提高功率因数。用串联电容器的方法也可提高电路的功率因数，但串联电容器使电路的总阻抗减小，总电流增大，从而加重电源的负担，因而不用串联电容器的方法来提高电路的功率因数。

5.简易收音机原理

1）简易收音机的电路图（见图 7 - 28）

L 和 C_1 组成调谐电路。改变可变电容器 C_1 的容量，可选择到需要接收的电台信号。将选出的信号直接输入到集成电路 7642 的输入端第 2 脚。由 7642 对信号进行多级高频放大并检波后，由输出端第 1 脚输出音频信号，经三极管 VT_1、VT_2 放大后，送至耳机放音。这个电路元件少、装调容易且接收效果较好。

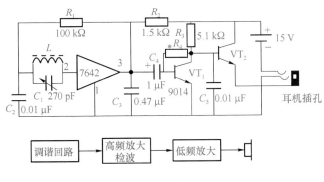

图 7 - 28　简易收音机电路

2）元件规格和检测方法

（1）LC 调谐回路中的 L 是磁棒线圈，磁棒采用长 55 mm 的扁形中波磁棒。用 $\phi 0.07$ mm×7 多股纱包线绕制，共 82 圈。线圈的两端用胶纸带固定。如图 7 - 29 所示，C_1 采用 270 pF 小型单联可变电容器。

（2）集成电路 7642 外形跟晶体管 9014 相似。如图 7 - 29 所示，可用万用表 $R×1\,k\Omega$ 挡测输入端第 2 脚之间的电阻，正向电阻约为 1 kΩ，反向电阻

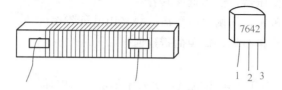

图 7 - 29　磁棒线圈和 7642 集成电路

接近无限大。

（3）晶体管 VT_1、VT_2 采用 9014，放大倍数大些较好。

（4）电阻器均采用 1/8 W 碳膜电阻器。R_4 待调试后确定。

（5）电容器均采用小型瓷片电容器。C_4 为电解电容器。

（6）耳机采用 8 Ω 耳塞机。耳机插孔采用 ϕ2.5 mm 插孔，并进行改造。改造后的插孔兼作电源开关。

（7）电源采用 1 节 1.5 V 电池。

3）焊接电路

（1）将各元件引脚镀锡后插入电路板。各引脚可尽量留短些。

（2）焊接。先焊电阻、电容，再焊晶体管和集成电路。

（3）将磁棒用塑料绳固定在印制板对应位置上。用小刀将线圈两端纱包线外皮刮去，并细心地将 7 根细导线漆皮刮去，并拧在一起后镀锡（注意不可将细导线中的几根弄断）。然后焊接在印制电路板上。

4）电路的调试

（1）首先检查元器件焊接情况。各焊点应小而圆。将虚焊和假焊的焊点重新焊好。并注意将电路板相邻铜箔间、焊点间清除干净，防止短路。

（2）用万用表欧姆挡 $R \times 1\,k\Omega$ 挡测量电路板上电池正、负两卡间电阻（应在插孔中插入耳机）为 5～6 kΩ。若电阻为零或接近零，则说明电路板上有短路或其他问题，应继续检查电路板和焊接情况。若电阻为无限大，应检查耳机插孔改造情况。

（3）用 100 kΩ 电位器串接 100 kΩ 电阻后，接入位置。接通电源，旋转电位器，使晶体管 VT_2 基极对电源负极间电压为 0.85 V（用万用表检测）。这时电位器和 100 kΩ 固定电阻器的总阻值（可将电位器和电阻器从电路中拆下后，用万用表欧姆挡测量）即为 R_4 的值。用同阻值固定电阻器焊在 R_4 位置。

（4）旋转可变电容器，应能收到中波段 535～1 605 kHz 内的电台广播。若电容器全部旋入时，仍收不到 535 kHz 附近电台，应将磁棒线圈增加几圈。若电容器全部旋出时，不能收到 1 605 kHz 附近电台，应将磁棒线圈减少几圈。

7.3　工作单

操作员：_____　　"7S"管理员：_____　　记分员：_____

实训项目	测量日光灯电路参数			
实训时间		实训地点	实训课时	2
使用设备	电工实验台、单相交流电源、三相自耦调压器、交流电压表、交流电流表、单相功率表、万用电表、日光灯套件、电容器（$1\,\mu F$、$2\,\mu F$、$4\,\mu F$、$4.7\,\mu F$、$10\,\mu F/630\,V$）、导线、常用电工工具			
制订实训计划				
实施	测量日光灯电路参数	操作步骤	要求： 熟悉功率表等仪器仪表的使用方法；通过测量，分析并联电容器对功率因数的影响；掌握提高感性负载功率因数的常用方法。 （1）实验电路图（见图 7 - 30） 图 7 - 30　实验电路 （2）按实验电路图接线，电源电压取自实验装置配电屏上的 220 V 电源端（注意：接线完毕经指导教师检查后方可接通市电电源）。 （3）将 S_1、S_2、S_3 断开，输入 220 V，用交流电压表测量电源电压 U、灯管电压 U_1、镇流器电压 U_2，通过一只交流电流表和 3 只电流插座分别测量 3 条支路的电流，用单相功率表测量功率，并记入表 7 - 5 中。		

表 7 - 5　数据记录表

测量数据						计算数据				
U/V	U_1/V	U_2/V	I_1/A	P/W	$\cos\varphi$	$R=\dfrac{P}{I_L^2}$	$\lvert Z\rvert=\dfrac{U}{I_L}$	X_L	L	$\cos\varphi$

实施	测量日光灯电路参数	操作步骤	（4）分别将开关 S_1、S_2、S_3 闭合，即并联电容 C_1、C_1+C_2、$C_1+C_2+C_3$，每改变一次电容值，测相关参数，并记入表 7-6 中。 表 7-6　数据记录表 详见下表 （5）由上实验得出结论：

表 7-6　数据记录表

电容器	测量数据						计算数据	
标算值	U/V	I/A	I_L/A	I_C/A	P/W	$\cos\varphi$	$C=\dfrac{I_C}{\omega U}$	$\cos\varphi_0=\dfrac{P}{UI}$
1 μF								
2 μF								
4 μF								
4.7 μF								
10 μF								

评价	项目评定	根据项目器材准备、实施步骤、操作规范 3 个方面评定成绩
	学生自评	根据评分表打分
	学生互评	互相交流，取长补短
	教师评价	综合分析，指出好的方面和不足的方面

项目评分表

本项目合计总分：_____

1. 功能考核标准（90 分）

工位号_____　　　　　　　　　　成绩_____

项目	评分项目	分值	评分标准	得分
器材准备	实训所需器材	30	准备好实验所需器材单相交流电源、三相自耦调压器、交流电压表、交流电流表、单相功率表、万用电表、日光灯套件、电容器（1 μF、2 μF、4 μF、4.7 μF、10 μF/630 V）、导线、常用电工工具，少准备一种器材扣 3 分	

续表

项目	评分项目		分值		评分标准	得分
实施过程	不同参数标注方法的电容器的直观识别	根据电路图接线	60	10	能根据实验电路图正确接线，得10分	
		测量功率		40	（1）能够正确使用功率表测量功率，得20分；（2）能正确填写数据，完成表7-5和表7-6，得20分	
		实验结论总结		10	能根据实验得出正确结论，得10分	

2. 安全操作评分表（10分）

工位号_____   成绩_____

项目	评分点	配分	评分标准	得分
职业与安全知识	完成工作任务的所有操作是否符合安全操作规程	5	符合要求得5分，基本符合要求得3分，一般得1分	
	工具摆放、包装物品等的处理是否符合职业岗位的要求	3	符合要求得3分，有两处错得1分，两处以上错得0分	
	遵守现场纪律，爱惜现场器材，保持现场整洁	2	符合要求得2分，未做到扣2分	
项目	加分项目及说明			加分
奖励	整个操作过程中对现场进行"7S"现场管理和工具器材摆放规范到位的加10分；用时最短的3个工位（时间由短到长排列）分别加3分、2分、1分			
项目	扣分项目及说明			扣分
违规	违反操作规程使自身或他人受到伤害的扣10分；不符合职业规范的行为，视情节扣5～10分；完成项目用时最长（时间由长到短排列）的3个工位分别扣3分、2分、1分			

7.4 课后练习

1. 填空题

（1）日光灯电路由_____、_____、_____、灯座和灯架组成。

163

（2）交流电路中，电阻两端的电压与通过电流同频且_____，电感两端的电压_____电流$\frac{1}{2}\pi$，电容两端的电压_____电流$\frac{1}{2}\pi$。

（3）RLC串联电路中，若$X_L < X_C$，则电路呈_____。

（4）提高电路功率因数最常见的方法就是在感性负载两端并联_____。

2. 判断题

（1）某同学在做日光灯电路实验时，测的灯管端电压为120 V，镇流器两端电压为200 V，两电压之和大于电源电压220 V，故此同学测量数据有误。 （　　）

（2）正弦交流电路中，电容和电感转换的功率称为无功功率，也即是无用功率。 （　　）

3. 选择题

（1）在RLC串联电路中，端电压$U = 20$ V，电阻两端的电压$U_R = 12$ V，电感两端的电压$U_L = 16$ V，则电容两端的电压U_C为（　　）。

A. 4 V 　　　　B. 32 V 　　　　C. 12 V 　　　　D. 28 V

（2）下列关于功率因数的描述，正确的是（　　）。

A. 电路的功率因数高说明电路的功率大

B. 电路的功率因数小说明电路中容性负载大

C. 提高电路的功率因数可以提高电源的利用率

D. 提高电路的功率因数通常是串联电容在感性负载上

（3）A 和 L 是日光灯的灯管和镇流器，如果按图 7-31 所示的电路连接，关于日光灯发光情况的下列叙述中，正确的是（　　）。

A. 只把 K_1 接通，K_2、K_3 不接通，日光灯能正常发光

B. 只要不把 K_3 接通，日光灯就能正常发光

C. K_3 不接通，接通 K_1 和 K_2 后，再断开 K_2，日光灯就能正常发光

D. 当日光灯正常发光后，再接通 K_3，日光灯仍能正常发光

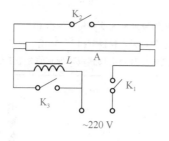

图 7-31 电器接线

（4）日光灯在正常工作的情况下，对起辉器和镇流器的表述，正确的是（　　）。

A. 灯管点燃发光后，起辉器中的两个触片是分离的

B. 灯管点燃发光后，起辉器中的两个触片是接触的

C. 镇流器在日光灯开始点燃时提供瞬时高压

D. 灯管点燃后，镇流器起降压限流作用

4. 简答题

（1）电感器有什么主要技术参数？各表示什么意义？如何判断电感器的好坏？

（2）简述日光灯的工作原理。

（3）提高功率因数的意义和方法是什么？

（4）多个电感器的标识分别为 220 μH、780 μHY、453，它们的电感量分别为多少？

项目 8　认识三相供电电路

　　自从19世纪末世界上首次出现三相制以来，它几乎占据了电力系统的全部领域。目前世界上电力系统所采用的供电方式，绝大多数是属于三相制电路。三相交流电比单相交流电有更多优越性。在用电方面，三相电动机比单相电动机结构简单，价格便宜，性能好；在送电方面，采用三相制，在相同条件下比单相输电节约输电线用铜量。实际上单相电源就是取三相电源的一相，因此，三相交流电得到了广泛的应用。

　　本项目主要介绍三相交流电的基本知识以及三相交流电在工业中的应用等内容，为后面学习三相交流电机的控制奠定必要的基础。

8.1　任务书

8.1.1　任务单

项目 8	认识三相供电电路	工作任务	(1) 认识三相交流电路； (2) 连接三相负载； (3) 认识企业车间供配电线路	
学习内容	(1) 认识三相交流电路； (2) 连接三相负载； (3) 认识企业车间供配电线路	教学时间/学时	8	
学习目标	(1) 了解三相交流电的产生原理，理解三相交流电的基本概念及电参数特性； (2) 理解三相交流电源负载的连接方式与特点； (3) 学会识别车间配电线路的方法和配电布线的工艺以及元件选用的原则； (4) 培养三相配电电路安装与检测的能力； (5) 培养电工安全作业规范与协作能力			
思考题	(1) 电力系统中性点的分类有哪些？ (2) 绘制电网接地、用户接零的供电系统图。 (3) 在三角形连接中，若负载不对称，关系式 $I_{\triangle L}=\sqrt{3}\,I_{\triangle P}$ 是否成立？			

8.1.2　资讯途径

序号	资讯类型
1	上网查询
2	工厂供配电书籍
3	车间配电安装要求相关资料

8.2　学习指导

8.2.1　训练目的

（1）了解三相交流电的产生，知道三相交流电源的连接方法。

（2）认识三相负载的连接方法及各自特点，会计算三相交流电路的功率。

（3）认识常见工厂电力系统的构成，知道车间配电电器的安装要求。

8.2.2　训练重点及难点

（1）认识三相交流电路。

（2）连接三相负载。

（3）认识企业车间供配电线路。

8.2.3　三相供电电路的相关理论知识

1. 认识三相交流电

1）三相交流电

电力系统目前普遍采用三相交流电源供电，由三相交流电源供电的电路称为三相交流电路。三相交流电路是指由 3 个频率相同、最大值（或有效值）相等、在相位上互差 120°电角度的单相交流电动势组成的电路，这 3 个电动势称为三相对称电动势。单相交流电与三相交流电的波形如图 8-1 所示。

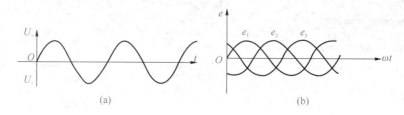

图 8-1　单相交流电与三相交流电

(a) 单相正弦交流电；(b) 三相交流电

2) 三相交流电的产生

三相交流电动势由三相交流发电机产生，它是在单相交流发电机的基础上发展起来的，如图 8-2 所示，在发电机定子（固定不动的部分）上嵌放了 3 组结构完全相同的线圈 U1U2、V1V2、W1W2（通称绕组），这三相绕组在空间位置上各相差 120°电角度，分别称为 A 相、B 相和 C 相。U1、V1、W1 三端称为首端，U2、V2、W2 三端称为末端。工厂或企业配电站或厂房内的三相电源线（用裸铜排时）一般用黄、绿、红分别代表 A、B、C 三相。

由于三相绕组在空间各相差 120°电角度，因此三相绕组中感应出的 3 个交流电动势在时间上也相差 1/3 周期（也就是 120°角）。这 3 个电动势的三角函数表达式为

$$\begin{cases} e_U = E_m \sin \omega t \\ e_V = E_m \sin (\omega t - 120°) \\ e_W = E_m \sin (\omega t + 120°) \end{cases}$$

振幅相等、频率相同，在相位上彼此相差 120°的 3 个电动势称为对称三相电动势。

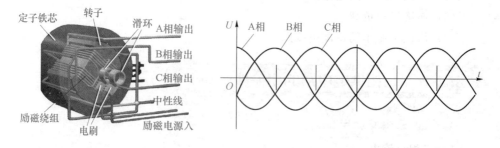

图 8-2　三相交流发电机与它发出的交流电

三相交流电动势在任一瞬间其 3 个电动势的代数和为零。用上面的 3 个式子也可以证明出这一结论，即

$$e_U + e_V + e_W = 0$$

三相电动势达到最大值（振幅）的先后次序叫做相序。e_1 比 e_2 超前 120°，e_2

比 e_3 超前 $120°$，而 e_3 又比 e_1 超前 $120°$，称这种相序为正相序或顺相序；反之，如果 e_1 比 e_3 超前 $120°$，e_3 比 e_2 超前 $120°$，e_2 比 e_1 超前 $120°$，称这种相序为负相序或逆相序。

相序是一个十分重要的概念，为使电力系统能够安全、可靠地运行，通常统一规定技术标准，一般在配电盘上用黄色标出 U 相，用绿色标出 V 相，用红色标出 W 相。

3）三相交流电与单相交流电相比具有的优点

（1）三相交流发电机比功率相同的单相交流发电机体积小、重量轻、成本低。

（2）电能输送。当输送功率相等、电压相同、输电距离一样、线路损耗也相同时，用三相制输电比单相制输电可大大节省输电线有色金属的消耗量，即输电成本较低，三相输电的用铜量仅为单相输电用铜量的 75%。

（3）目前获得广泛应用的三相异步电动机，是以三相交流电作为电源，它与单相电动机或其他电动机相比，具有结构简单、价格低廉、性能良好和使用维护方便等优点。

因此，在现代电力系统中三相交流电路获得广泛应用。

4）连接三相交流电电源

三相交流发电机的每一个绕组都可以作为一个独立的电源，单独给负载提供电能。如果采用每个绕组独立供电的方式，就需要 6 条导线，但实际上，三相电源的 3 个绕组是按照一定的方式进行连接，再向负载供电的。

（1）三相电源的星形（Y 形）接法。

① 三相电源的星形连接。将发电机三相绕组的末端 U2、V2、W2 连接在一点，始端 U1、V1、W1 分别与负载相连，这种连接方法就叫做星形连接，如图 8-3 所示。3 个末端相连接的点称为中性点或零点，用字母 "N" 表示，从中性点引出的一根线叫做中性线或零线。从始端 U1、V1、W1 引出的 3 根线叫做端线或相线，因为它与中性线之间有一定的电压，所以，俗称火线。

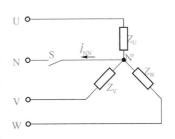

图 8-3　三相电源的星形接法

由 3 条火线和一条中性线所组成的输电方式称为三相四线制（通常在低压配电中采用）；如果在输电中没有中性线而只有 3 条火线的方式称为三相三线制。

② 星形接法的特点。在星形接法中存在两种电压，即相线与相线之间的电压（U_{uv}、U_{vw}、U_{wu}）和相线与中性线之间的电压（U_{un}、U_{vn}、U_{wn}）。把相线与相线之间的电压称为线电压，用 U_L 表示；把相线与中性线之间的电压称为相电压，用 U_P 表示。

发电机作星形连接时 3 个线电压和 3 个相电压均为对称电压，通过理论证明

了各线电压的相位比相电压超前30°，各线电压的有效值为相电压有效值的$\sqrt{3}$倍，即

$$U_L = \sqrt{3}U_P$$

日常生活和工作中通常所说 380 V、220 V 是指电源连接成星形时线电压和相电压的有效值。

（2）三相电源的三角形（△形）接法。

将三相发电机的第二绕组始端 V1 与第一绕组的末端 U2 相连，第三绕组始端 W1 与第二绕组的末端 V2 相连，第一绕组始端 U1 与第三绕组的末端 W2 相连，并从 3 个始端 U1、V1、W1 引出 3 根导线分别与负载相连，这种连接方法叫做三角形（△形）连接，如图 8-4 所示。

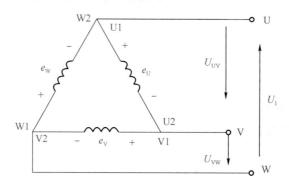

图 8-4　三相电源的三角形接法

电源在三角形连接时没有中性线，显然这时线电压等于相电压，即

$$U_L = U_P$$

需要特别注意的是，在工业用电系统中如果只引出 3 根导线（三相三线制），那么就都是火线（没有中性线），这时所说的三相电压大小均指线电压 U_L；而民用电源则需要引出中性线，所说的电压大小均指相电压 U_P。

【例 8-1】 已知发电机三相绕组产生的电动势大小均为 $E = 220$ V。试求：（1）三相电源为 Y 形接法时的相电压 U_P 与线电压 U_L；（2）三相电源为 △ 形接法时的相电压 U_P 与线电压 U_L。

解　（1）三相电源 Y 形接法：相电压 $U_P = E = 220$ V，线电压 $U_L = \sqrt{3}U_P = 380$ V。

（2）三相电源 △ 形接法：线电压 $U_L = U_P = 380$ V。

2. 连接三相负载

平时所见到的用电器统称为负载。负载可以分成两类：一类是像电灯这样有两根出线的，叫做单相负载，如电风扇、收音机、电烙铁、单相电动机等都是单相负载；另一类是像三相电动机这样的有 3 个接线端的负载，叫做三相负载。

在三相负载中，如每相负载的电阻均相等、电抗也相等（且均为容抗或均为感抗），则称为三相对称负载。如果各相负载不同，就是不对称的三相负载，如三相照明电路中的负载。

任何电气设备都设计在某一规定的电压下使用（称额定电压），使用任何电气设备时都要注意负载本身的额定电压与电源电压一致，因此负载采用一定的连接方法来满足它对电源的要求。在三相电路中，负载也和电源一样可以采用两种不同的连接方法，即星形连接和三角形连接。

1）负载的星形连接

星形连接是指把各相负载的末端连在一起接到三相电源的中性线上，把各相负载的首端分别接到三相交流电源的 3 根相线上。

（1）三相对称负载的星形连接。

如图 8 - 5 所示，负载 Z_1、Z_2、Z_3 的末端连在一起，接到三相电源的中性线上，首端分别接到三相交流电源的 3 根相线上，且 $Z_1 = Z_2 = Z_3$。这种情况称为三相对称负载的星形连接。

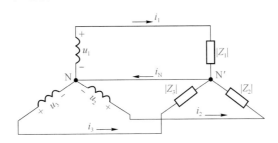

图 8 - 5　三相对称负载的星形接法

三相对称负载的星形连接电路的特点：

① 负载相电压与线电压的关系为

$$U_L = \sqrt{3} U_{YP}$$

式中　U_{YP}——负载星形连接时的相电压。

② 负载相电流与线电流的关系。

a. 相电流 I_{YP}。流过每相负载的电流，其方向与相电压方向一致。

b. 线电流 I_{YL}。流过每根相线的电流，其方向规定为电源流向负载。

电流关系：在星形连接中，线电流等于相电流，即

$$I_L = I_P$$

③ 中性线电流（I_N）。流过中性线的电流，其方向规定为由负载中性点 N′ 流向电源中性点 N。对称负载作星形连接时，中性线电流为零，去掉中性线电路也可正常工作。

（2）三相不对称负载的星形连接。

如图 8 - 6 所示电路，负载采用星形连接，但是各相负载的大小不一样，称之为三相不对称负载的星形连接。

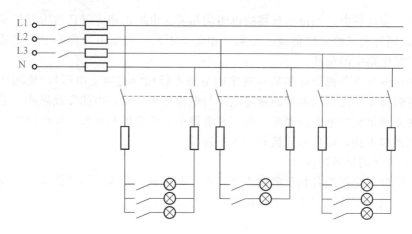

图 8-6 三相不对称负载的星形接法

当三相负载不对称时，由于有中性线存在，所以各相负载上的电压都等于相电压。因为负载大小不一样，所以电流的大小就不相等，相位差也不一定是120°，因此，中性线电流就不为零，此时中性线绝不可断开成为三相三线制。

因此，在三相四线制电路中，一方面，规定中性线不准安装熔断器和开关，有时中性线还采用钢芯导线来加强其机械强度，以免断开；另一方面，在连接三相负载时，应尽量使其平衡，以减小中性线电流。

2）负载的三角形连接

如图 8-7（a）所示，将三相负载分别接在三相电源的两根相线之间的接法，叫做三相负载的三角形连接。

（1）线电压与相电压的关系。

当负载的额定电压等于电源的线电压，负载做三角形连接时，不论负载是否对称，各相负载所承受的电压均为对称的电源线电压，即

$$U_{\Delta P}=U_L$$

式中　$U_{\Delta P}$——负载作三角形连接时负载的相电压，用"△"来形象表示三角形连接。

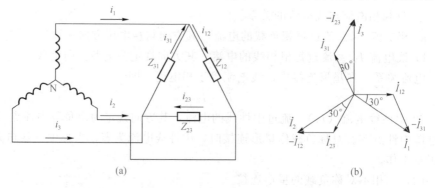

图 8-7　负载的三角形连接法

（a）电路模型；（b）电流电压相量图

（2）线电流与相电流的关系。

从图 8-7（a）中可以看出，若三相对称负载成三角形连接时，因各相电压相等，则各相电流的大小也相等，其值为

$$I_{\Delta P} = \frac{U_{\Delta P}}{|Z_P|}$$

式中　$I_{\Delta P}$——负载作三角形连接时负载的相电流。

观察图 8-7（b）所示的线电流和相电流的相量图可以看出，线电流与相电流是不一样的，线电流和相电流的大小关系为

$$I_{\Delta L} = \sqrt{3}\, I_{\Delta P}$$

式中　$I_{\Delta L}$——负载作三角形连接时的线电流。

（3）相电流与线电流的相量图。

由图 8-7（b）可见，3 个相电流的相位差互为 120°，各相电流的方向与该相电压的方向一致；各线电流比各个相应的相电流在相位上滞后 30°，又因为相电流是对称的，所以，线电流也是对称的，即各线电流之间的相位差也都是 120°。

3）三相电路的功率

三相电路的有功功率等于各相有功功率的总和，即

$$P = P_1 + P_2 + P_3$$

当三相负载对称时，各相有功功率相等，则总有功功率为一相有功功率的 3 倍，即

$$P = 3P_P = 3U_P I_P \cos \varphi_P$$

当负载作星形连接时有

$$U_{YP} = \frac{U_L}{\sqrt{3}}, \quad I_{YP} = I_{YL}$$

所以，有

$$P_Y = 3U_{YP} I_{YP} \cos \varphi_P = 3 \frac{U_L}{\sqrt{3}} I_{YL} \cos \varphi_P$$

$$= \sqrt{3}\, U_L I_{YL} \cos \varphi_P$$

当负载作三角形连接时有

$$U_{\Delta P} = U_L, \quad I_{\Delta P} = \frac{I_{\Delta L}}{\sqrt{3}}$$

所以，有

$$P_\Delta = 3U_{\Delta P} I_{\Delta P} \cos \varphi_P = 3U_L \frac{I_{\Delta L}}{\sqrt{3}} \cos \varphi_P$$

$$= \sqrt{3}\, U_L I_{\Delta L} \cos \varphi_P$$

因此，三相对称负载不论作星形连接还是作三角形连接，总的有功功率的公

式可统一写成

$$P=\sqrt{3}U_L I_L \cos\varphi_P$$

必须指出，上面的公式虽然对星形和三角形连接的负载都适用，但绝不能认为在线电压相同的情况下，将负载由星形连接改成三角形连接时它们所消耗的功率相等。

【例 8-2】 有一对三相负载，每相的电阻为 6 Ω，电抗为 8 Ω，电源线电压为 380 V。试计算负载星形连接和三角形连接时的有功功率。

解 每相负载的阻抗为

$$|Z|=\sqrt{R^2+X^2}=\sqrt{6^2+8^2}\ \Omega=10\ \Omega$$

星形连接时，有

$$U_{YP}=\frac{U_L}{\sqrt{3}}=\frac{380}{\sqrt{3}}\ V\approx220\ V$$

$$I_{YL}=I_{YP}=\frac{U_{YP}}{|Z|}=\frac{220}{10}\ A=22\ A$$

$$\cos\varphi_P=\frac{R}{|Z|}=\frac{6}{10}=0.6$$

所以，有功功率为

$$P_Y=\sqrt{3}U_L I_L \cos\varphi_P=\sqrt{3}\times380\times22\times0.6\ W\approx8.7\ kW$$

三角形连接时，有

$$U_{\Delta P}=U_L=380\ V$$

$$I_{\Delta P}=\frac{U_{\Delta P}}{|Z|}=\frac{380}{10}\ A=38\ A$$

$$I_{\Delta L}=\sqrt{3}I_{\Delta P}=\sqrt{3}\times38\ A\approx66\ A$$

负载的功率因数不变，所以有功功率为

$$P_\Delta=\sqrt{3}U_L I_L \cos\varphi_P=\sqrt{3}\times380\times66\times0.6\ W\approx26\ kW$$

由上面的计算可见，在相同的线电压下，负载作三角形连接的有功功率是星形连接的有功功率的 3 倍。这是因为三角形连接时的线电流是星形连接时的线电流的 3 倍。

3. 认识企业车间供配电线路

企业车间里有很多设备在同时进行运转，这些设备都需要正常供电，都需要得到准确的控制。所以车间的配电线路是项复杂和庞大的工程，如图 8-8 所示，工厂供电系统范围是指工厂所需电力从进厂起到用电设备的整个电力线路及变配电设备。

1）工厂供配电系统

一般中型工厂的电源进线电压是 6～10 kV。电能先经高压配电所集中，再由高压配电线路将电能分送到各车间变电所，或由高压配电线路直接供给高压用电设备。车间变电所内装设有配电变压器，将 6～10 kV 的高压降为一般低压用

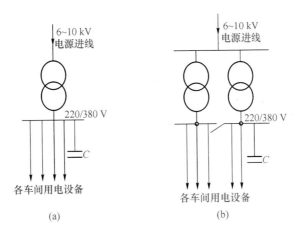

图 8 - 8　企业供配电系统

电设备所需电压，如 220/380 V（220 V 为相电压，380 V 为线电压），然后由低压配电线路将电能分送给低压用电设备使用。

图 8 - 9 是一个比较典型的中型工厂供电系统简图。该图未绘出各种开关电器（除母线和低压联络线上装设的联络开关外），而且只用一根线来表示三相线路，即绘成单线图的形式。

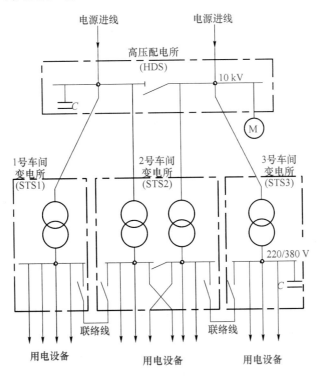

图 8 - 9　中型工厂供电系统

从图 8-9 可以看出，该厂的高压配电所有两条 10 kV 的电源进线，分别接在高压配电所的两段母线上。这两段母线间装有一个分段隔离开关（又称联络隔离开关），形成"单母线分段制"。

2）电力系统中性点运行方式

电力系统中性点：系统中发电机或变压器的中性点。

（1）中性点不接地系统（见图 8-10）。

① 发生单相接地时，其余两相对地电压升高$\sqrt{3}$倍。

② 允许短时运行，但应装设单相接地保护或绝缘监视装置。当发生单相接地故障时发出报警信号或指示，提醒值班人员采取措施。

（2）中性点经消弧线圈接地系统（见图 8-11）。

这种方式主要用于 35 kV 电力系统，规程规定：当 3～10 kV 系统 $I_C \geq 30$ A、20 kV 系统 $I_C \geq 10$ A 时须采用经消弧线圈接地方式。

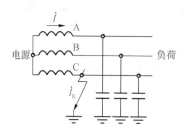

图 8-10　中性点不接地系统

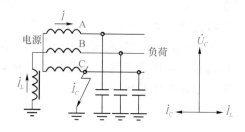

图 8-11　中性点经消弧线圈接地系统

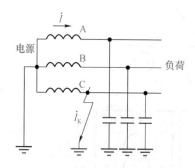

图 8-12　中性点直接接地系统

消弧线圈的作用：用消弧线圈 I_L 补偿接地点的电容电流 I_C，消弧抑制谐振过电压。

（3）中性点直接接地系统（见图 8-12）。

① 发生单相接地故障时，其余两相电压不会升高。对绝缘要求降低。

② 单相短路故障时，短路电流很大，可动作于跳闸。

3）低压配电系统的接地形式及应用

（1）N 线（中性线）。中性线在低压配电系统中主要有以下作用：

① 用来接额定电压为相电压的单相设备。

② 用来传导三相系统中不平衡电流的单相电流。

③ 减小负荷性电位偏移。

（2）PE 线（保护线）。PE 线在低压配电系统中的作用是为保障人身安全，防止发生触电事故而设的接地线。

（3）PEN 线（保护中性线）。低压配电系统中 PEN 线兼有 N 线、PE 线功能，习惯上称为"零线"，设备外壳接 PEN 或 PE 线的接地形式称为"接零"。

4）保护接地的形式及应用

（1）TN 系统。

① TN - C 系统（三相四线制），如图 8 - 13 所示。

电路中所有电气设备外壳保护接零。该电路的特点如下：

PEN 线中可有电流通过，其断线会造成人身触电危险，且会造成有的相电压升高而烧毁单相用电设备。这种接线方法主要应用在对安全及电磁干扰要求不高的场所。要求 PEN 线须连接牢固。

② TN - S 系统（三相五线制），如图 8 - 14 所示。

TN - S 系统是指保护单独接地。该电路的特点如下：

PE 线与 N 线分开，PE 线中没有电流通过，所有设备之间不会产生电磁干扰；PE 线断线不会使设备外露可导电部分带电，比较安全。它主要应用在电子设备上和实验场所中。

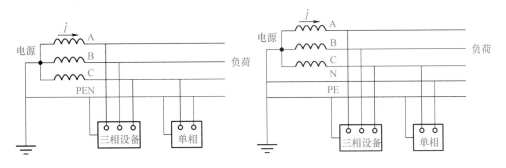

图 8 - 13　TN - C 系统　　　　　　　　　图 8 - 14　TN - S 系统

③ TN - C - S 系统，如图 8 - 15 所示。

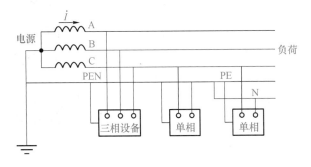

图 8 - 15　TN - C - S 系统

TN - C - S 系统运行方式灵活，兼有 TN - C 系统和 TN - S 系统的优越性，经济实用。其主要应用在现代企业和民用建筑中。

（2）TT 系统（三相四线制），如图 8 - 16 所示。

接入系统的每台设备均经过各自的 PE 线单独接地。特点如下：

抗电磁干扰；若有设备因绝缘不良或损坏使其外露可导电部分带电时，漏电电流一般很小，不足以使线路过流保护装置动作，增加了触电危险。线路要求必须装设灵敏的漏电保护装置。

（3）IT 系统（三相三线制），如图 8-17 所示。

IT 系统是指中性点不接地或经高阻抗接地，每台设备均经各自的 PE 线接地。电路要求装设单相接地保护。这类系统主要应用在对连续供电要求较高或对抗电磁干扰要求较高的易燃易爆场所，如矿井等。

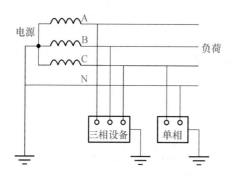

图 8-16 TT 系统

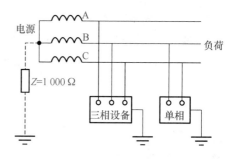

图 8-17 IT 系统

5）工厂车间配电柜的安装

低压配电柜是成套设备，是用于发电厂、变电所、工矿企业等电力用户作为交流 50 Hz、额定工作电压 380 V、额定电流至 2 500 A 的配电系统中作为动力，照明及配电设备的电能转换、分配与控制之用，如图 8-18 所示。

图 8-18 低压配电柜

（1）低压配电柜的组成。

低压配电柜一般由柜体、刀闸、熔断器、空气开关、母线、绝缘材料、保护电路等组成，如图 8-19 所示。

（2）低压配电柜的安装。

① 低压配电柜柜体。

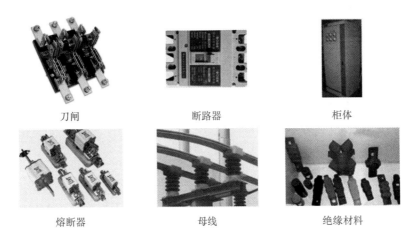

图 8 - 19　低压配电柜组成

a. 柜体的选择。配电柜型号如图 8 - 20 所示。

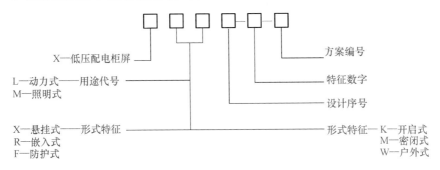

图 8 - 20　低压配电柜型号说明

低压配电柜保护形式应当根据所在工作场所的条件来选用。

ⅰ. 在相对湿度不超过 75%，且无粉尘、无腐蚀性气体或蒸气、无易燃易爆物质的危险性较小场所，其低压配电箱可选用开启式的。

ⅱ. 能产生大量粉尘的多尘场所，应选用防尘型配电柜。

ⅲ. 在有可燃液体和悬浮状、堆积状可燃粉尘或可燃纤维的 H - 1 级、H - 2 级火灾危险场所应选用防尘型的；在有固体可燃物质的 H - 3 级火灾危险场所，可选保护型的。

ⅳ. 在爆炸危险场所的选用。在正常情况下能形成爆炸性混合物的 Q - 1 级场所应选用隔爆型、防爆通风、充气型的低压配电柜。

b. 安装要求。配电柜平稳地安装到基础槽钢上，柜间用螺栓拧紧，找平、找正后与基础槽钢焊接在一起，盘柜要用 6 mm 的软铜线与接地干线相连，作为保护接地。盘柜安装水平度、垂直度要求的允许偏差如表 8 - 1 所示。固定底座用的底板由土建施工进行预埋。安装人员应配合或检查验收其准确性。

ⅰ.柜安装在震动场所，应采取防震措施（如开防震沟、加弹性垫等）。

ⅱ.柜本体及柜内设备与各构件间连接应牢固，主控制柜、继电保护柜、自动装置柜等不宜与基础型钢焊死。

ⅲ.盘柜单独或成列安装时，其垂直度、水平度以及柜面不平度和柜间接缝的允许偏差应符合表 8-1 的规定。

ⅳ.端子箱安装应牢固、封闭良好，安装位置应便于检查；成列安装时应排列整齐。

ⅴ.柜的接地应牢固良好。装有电器的可开启的柜门，应以软导线与接地的金属构架可靠连接。

ⅵ.柜内配线整齐、清晰、美观，导线绝缘良好、无损伤，柜的导线不应有接头；每个端子板的每侧接线一般为一根，不得超过两根。

表 8-1 盘柜安装水平度、垂直度要求的允许偏差

项目		允许偏差/mm
垂直度（每米）		1.5
水平度 不平度	相邻两盘顶部	2.0
	成行盘顶部	5.0
	相邻两盘顶部	1.0
	成行盘顶部	5.0

② 熔断器。

a. 熔断器的选择。

ⅰ.额定电压，即

$$U_{FU} \geqslant U_N$$

ⅱ.额定电流，即

$$I_{FU} \geqslant I_{N \cdot FE} \geqslant I_{W \cdot max}$$

ⅲ.熔断器的类型应符合安装条件及被保护设备的技术要求。

ⅳ.熔断器的分断能力为

$$I_{OC} \geqslant I_{sh}^{(3)}$$

上下级熔断器的相互配合：一般使上、下级熔体的额定值相差两个等级即可满足选择性要求。

b. 熔断器的安装。

ⅰ.安装前，应检查熔断器的额定电压是否不小于线路的额定电压，熔断器的额定分断能力是否大于线路中预期的短路电流，熔体的额定电流是否不大于熔断器支持件的额定电流。

ⅱ．熔断器一般应垂直安装，应保证熔体与触刀以及触刀与刀座的接触良好，并能防止电弧飞落到邻近的带电部分上。

ⅲ．安装时应注意，不要让熔体受到机械损伤，以免因熔体截面变小而发生误动作。

ⅳ．安装时应注意，使熔断器周围介质的温度与被保护对象周围介质的温度尽可能保持一致，以免保护特性产生误差。

ⅴ．安装必须可靠，以免有一相接触不良，出现相当于一相断路的情况，致使电动机因断相运行而被烧毁。

ⅵ．安装带有熔断指示器的熔断器时，指示器应安装在便于观察的位置。

ⅶ．熔断器两端的连接线应连接可靠，螺钉应拧紧。

ⅷ．熔断器的安装位置应便于更换熔体。

ⅸ．安装螺旋式熔断器时，熔断器的下接线板的接线端应安装在上方，并与电源线连接；连接金属螺纹壳体的接线端应装在下方，并与用电设备相连。有油漆标志端向外，两熔断器间的距离应留有手拧的空间，不宜过近。

4．工厂企业功率因数的提高

功率因数是衡量电气设备效率高低的一个系数，在交流电路中，电压与电流之间的相位差（ϕ）的余弦叫做功率因数，用符号 $\cos\phi$ 表示。在数值上，功率因数是有功功率和视在功率的比值，即 $\cos\phi=P/S$。

在感性负载电路中，电流波形峰值在电压波形峰值之后发生。两种波形峰值的分隔可用功率因数表示。功率因数越低，两个波形峰值则分隔越大。逐流电路能使两个峰值重新接近在一起，从而提高电子镇流器的功率因数。提高功率因数的常用方法是可以加个并联的补偿电容，要是在电子线路中还可以进行功率因数校正，采用有源或者无源的功率因数校正电路。电容补偿柜如图 8-21 所示。

1）结构

一般来说，低压电容补偿柜由柜壳、母

图 8-21　电容补偿柜

线、断路器、隔离开关、热继电器、接触器、避雷器、电容器、电抗器、一二次导线、端子排、功率因数自动补偿控制装置、盘面仪表等组成。

2）基本原理

在实际电力系统中，大部分负载为异步电动机。其等效电路可看作电阻和电感的串联电路，其电压与电流的相位差较大，功率因数较低。并联电容器后，电容器的电流将抵消一部分电感电流，从而使电感电流减小，总电流随之减小，电压与电流的相位差变小，使功率因数提高。

8.3 工作单

操作员：_____　　"7S"管理员：_____　　记分员：_____

实训项目	测量日光灯电路参数			
实训时间	实训地点		实训课时	2
使用设备	电工实验台、单相交流电源、三相自耦调压器、交流电压表、交流电流表、单相功率表、万用电表、日光灯套件、电容器（1 μF、2 μF、4 μF、4.7 μF、10 μF/630 V）、导线、常用电工工具			
制订实训计划				
实施	测量日光灯电路参数	操作步骤	要求： 熟悉功率表等仪器仪表的使用方法；通过测量，分析并联电容器对功率因数的影响；掌握提高感性负载功率因数的常用方法。 （1）实验电路图（见图8-22） 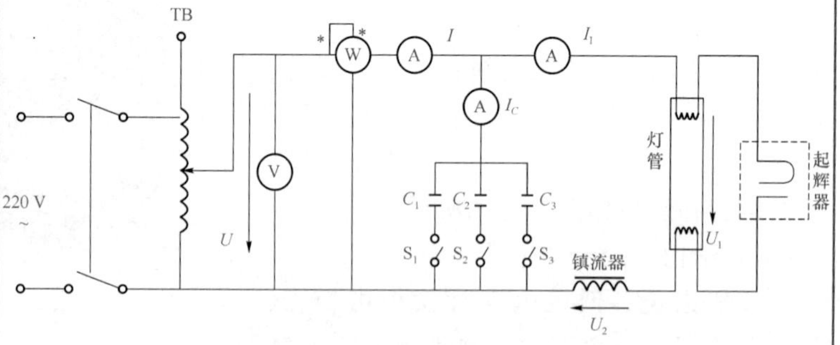 图8-22　实验电路 （2）按实验电路图接线，电源电压取自实验装置配电屏上的220 V电源端（注意：接线完毕经指导教师检查后方可接通市电电源）。 （3）将S_1、S_2、S_3断开，输入220 V，用交流电压表测量电源电压U、灯管电压U_1、镇流器电压U_2，通过一只交流电流表和3只电流插座分别测量3条支路的电流，用单相功率表测量功率，并记入表8-2中。		

续表

实施	测量日光灯电路参数	操作步骤	(见下表)

表 8 – 2　数据记录表

测量数据						计算数据				
U/V	U_1/V	U_2/V	I_1/A	P/W	$\cos\varphi$	$R=\dfrac{P}{I_L^2}$	$\lvert Z\rvert=\dfrac{U}{I_L}$	X_L	L	$\cos\varphi$

（4）分别将开关 S_1、S_2、S_3 闭合，即并联电容 C_1、C_1+C_2、$C_1+C_2+C_3$，每改变一次电容值，测相关参数，记入表 8 – 3 中。

表 8 – 3　数据记录表

电容器	测量数据						计算数据	
标算值	U/V	I/A	I_L/A	I_C/A	P/W	$\cos\varphi$	$C=\dfrac{I_C}{\omega U}$	$\cos\varphi_0=\dfrac{P}{UI}$
$1\,\mu F$								
$2\,\mu F$								
$4\,\mu F$								
$4.7\,\mu F$								
$10\,\mu F$								

（5）由上实验得出结论：

评价	项目评定	根据项目器材准备、实施步骤、操作规范3个方面评定成绩
	学生自评	根据评分表打分
	学生互评	互相交流，取长补短
	教师评价	综合分析，指出好的方面和不足的方面

项目评分表

本项目合计总分：_____

1. 功能考核标准（90分）

工位号_____　　　　　　　　　　　　　　　　成绩_____

项目	评分项目	分值	评分标准	得分
器材准备	实训所需器材	30	准备好实验所需器材，即单相交流电源、三相自耦调压器、交流电压表、交流电流表、单相功率表、万用电表、日光灯套件、电容器（$1\,\mu F$、$2\,\mu F$、$4\,\mu F$、$4.7\,\mu F$、$10\,\mu F/630\,V$）、导线、常用电工工具，少准备一种器材扣3分	

项目	评分项目		分值	评分标准	得分
实施过程	不同参数标注方法的电容器的直观识别	根据电路图接线	10	能根据实验电路图正确接线，得10分	
		测量功率	40	（1）能够正确使用功率表测量功率，得20分； （2）能正确填写数据，完成表7-5和表7-6，得20分	
		实验结论总结	10	能根据实验得出正确结论，得10分	
			60		

2. 安全操作评分表（10分）

工位号_____   成绩_____

项目	评分点	配分	评分标准	得分
职业与安全知识	完成工作任务的所有操作是否符合安全操作规程	5	符合要求得5分，基本符合要求得3分，一般得1分	
	工具摆放、包装物品等的处理是否符合职业岗位的要求	3	符合要求得3分，有两处错得1分，两处以上错得0分	
	遵守现场纪律，爱惜现场器材，保持现场整洁	2	符合要求得2分，未做到扣2分	

项目	加分项目及说明	加分
奖励	整个操作过程中对现场进行"7S"现场管理和工具器材摆放规范到位的加10分； 用时最短的3个工位（时间由短到长排列）分别加3分、2分、1分	

项目	扣分项目及说明	扣分
违规	违反操作规程使自身或他人受到伤害的扣10分； 不符合职业规范的行为，视情节扣5~10分； 完成项目用时最长（时间由长到短排列）的3个工位分别扣3分、2分、1分	

8.4 课后练习

1. 填空题

（1）三相四线制供电线路可以提供_____种电压。火线与零线之间的电压叫做_____，火线与火线之间的电压叫做_____。

（2）对称三相绕组接成星形时，线电压的大小是相电压的_____；在相位上线电压比相应的相电压_____。目前，我国低压三相四线制配电线路供给用户的 $U_L =$ _____ V，$U_P =$ _____ V。

（3）在同一对称三相电源作用下，同一对称三相负载作三角形连接是作星形连接时线电流大小的_____倍，有功功率大小的_____倍。

（4）对称三相负载作星形连接时，各相负载承受的相电压与三相电源的线电压的关系是_____，通过各相负载的相电流与相线中的线电流的大小为_____，相位关系为_____。

（5）对称三相电源向对称三相负载供电，可采用_____制供电线路。

2. 判断题

（1）三相交流电的相电压一定大于线电压。　　　　　　　　（　　）

（2）三相交流电的相电流一定小于线电流。　　　　　　　　（　　）

（3）三相负载作星形连接时必须要有中线。　　　　　　　　（　　）

3. 选择题

（1）三相对称电路是指（　　）。

A. 电源对称的电路

B. 三相负载对称的电路

C. 三相电源和三相负载均对称的电路

（2）三相四线制供电线路上，已知做星形连接的三相负载中 U 相为纯电阻，V 相为纯电感，W 相为纯电容，通过三相负载的电流均为 10 A，则中线电流为（　　）。

A. 30 A　　　　　　　　B. 10 A　　　　　　　　C. 7.32 A

（3）三相对称电路是指（　　）。

A. 电源对称的电路

B. 三相负载对称的电路

C. 三相电源和三相负载均对称的电路

4. 简答题

（1）三相交流电源的接法有哪些？三相交流负载的接法有哪几种？不同接法之间有什么区别？

（2）在线电压为 380 V 的三相电源上，接有两组电阻性对称负载，如图 8 - 23 所示。试求线电路上的总线电流 I 和所有负载的有功功率。

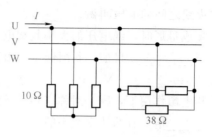

图 8 - 23　接线图

（3）在三角形连接中，若负载不对称，则关系式 $I_{\triangle \text{L}} = \sqrt{3}\, I_{\triangle \text{P}}$ 是否成立？

项目 9 认识发电机

发电机是利用电磁感应定律和电磁力定律，将其他形式的能源转换成电能的机械设备。它最早产生于第二次工业革命时期，由德国工程师西门子于 1866 年制成，它以水流、气流、燃料燃烧或原子核裂变产生的能量为动力源推动水轮机、汽轮机、柴油机或其他转化为机械能传给发电机，再由发电机转换为电能。发电机在工农业生产、国防、科技及日常生活中有广泛的用途。

本项目主要介绍电磁感应、发电机结构、发电机工作原理的应用等内容，为以后学生从事电工发电机相关操作奠定必要的基础。

9.1 任务书

9.1.1 任务单

项目 9	认识发电机	工作任务	(1) 认识电磁感应现象； (2) 认识发电机		
学习内容	(1) 认识电磁感应现象； (2) 认识发电机		教学时间/学时		8
学习目标	(1) 了解电磁感应现象； (2) 了解发电机的基本结构及工作原理； (3) 掌握发电机的相关技术参数； (4) 会查阅有关技术资料和工具书了解发电机的其他相关知识				
思 考 题	(1) 电力系统中性点的分类有哪些？ (2) 绘制电网接地、用户接零的供电系统图。 (3) 在三角形连接中，若负载不对称，则关系式 $I_{\triangle L}=\sqrt{3}\,I_{\triangle P}$ 是否成立？				

9.1.2 资讯途径

序号	资讯类型
1	上网查询
2	工厂供配电书籍
3	车间配电安装要求相关资料

9.2 学习指导

9.2.1 训练目的

（1）观察磁现象和电磁感应现象，理解磁现象的相关物理知识。

（2）通过认识发电机结构和工作原理，掌握法拉第定律。

9.2.2 训练重点及难点

（1）认识电磁感应现象。

（2）认识发电机。

9.2.3 认识发电机的相关理论知识

1. 认识电磁感应现象

1）电流与磁场

（1）磁现象及其基本知识。

能吸引铁、钴、镍及其合金的性质称为磁性，一个具有磁性的物体就是一个磁体。人类的祖先在春秋时期就发现了天然磁石。人们后来又发现了不同的磁体，按形成分为天然磁体、人造磁体；按外观形状可分为条形、针形、蹄形、圆柱形等。图9-1所示是几种常见的磁体。

如图9-1和图9-2所示，磁体的两端磁性最强，称为磁极，中间的磁性最弱。可自由转动的磁体静止时一端要指向南方（South）称为南极，也称S极。另一端要指向北方（North）称为北极，也称N极。一个磁体如被分成两部分，

将形成两个磁体。

图 9-1　常见永久磁铁

图 9-2　永久磁铁的磁性强弱与车载指南针

　　磁场是一种物质，它具有力和能量的性质。这种物质是看不见摸不着的，但却实际存在，把它叫做磁场。磁体间的相互作用是通过磁场来实现的。实验得出，同名磁极相互推斥，异名磁极相互吸引。

　　为了形象地描绘磁场，人们引入了磁感应线（磁感应线是假想的曲线）。磁感应线是从磁体北极出发，回到磁体南极的。图 9-3 所示为几种不同磁体磁感应线的分布情况。如果已描出了磁感应线，该点磁场的方向就是磁感应线切线的方向。

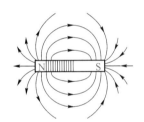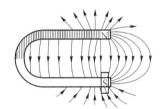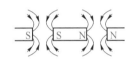

图 9-3　磁感应线

　　（2）电流与磁场。

　　1820 年，丹麦的物理学家奥斯特在中学物理课的一次实验中，发现了通电导线能使自由转动的小磁针发生偏转，证明了在通电导体的周围也存在着磁场。实验表明，磁体和电流的周围存在着磁场，磁体与磁体间、电流和磁体间、电流和电流间的相互作用，都是通过磁场来实现的。人们从此找到了开启电磁学知识大门的钥匙。

　　① 直线电流的磁场。直线电流磁场的磁感应线是以该导线为圆心的同心圆，这些同心圆所在的平面与该导线垂直（见图 9-4）。直线电流的磁场方向可用安培定则 1（也叫右手螺旋定则）来判定：用右手握住通电直导线，让大拇指指向电流的方向，那么弯曲的四指所指的方向就是磁感应线的环绕方向。

图 9-4　通电直导线的磁场与安培定则

② 环形电流的磁场。通电环形导线磁场的磁感应线是一些围绕环形导线的闭合曲线（见图 9-5），在环形导线的中心轴线上，磁感应线和环形导线的平面垂直。环形导线的磁场可用安培定则 2 来判定：让右手弯曲的四指与环形电流的方向一致，那么伸直的大拇指所指的方向就是圆环导线中心轴线上磁感应线的方向。

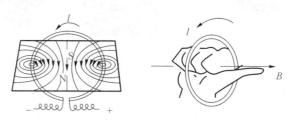

图 9-5　通电环形导线的磁场与安培定则

③ 通电螺线管的磁场。通电直导线和通电环形导体的磁场均很弱，为了达到增强磁场的目的制造出了通电螺线管。螺线管通电以后表现出的特性很像一根条形磁铁，其磁感应线如图 9-6 所示，外部磁感应线也是从 N 极出发回到 S 极。通电螺线管内部的磁感应线跟螺线管的轴线平行，方向由 S 极指向 N 极，并和外部的磁感应线相连，组成一些闭合的曲线。如果改变流入螺线管电流的方向，其南北极也将交换。

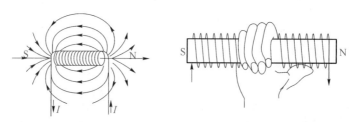

图 9-6　通电螺线管的磁场与安培定则

通电螺线管的磁场可用安培定则 3 来判定：用右手握住通电螺线管，使弯曲的四指和电流方向一致，那么大拇指所指的方向就是通电螺线管的 N 极。

（3）磁场的主要物理量。

① 磁感应强度。如图 9-7 所示，将一段直导线垂直放入磁场中，通电后导体在磁场中受力情况表明，通电导线受到的磁场力 F 与通过的电流 I 和导线的长度 l 有关。当 Il 增大或减少时，F 也跟着增大或减少。经分析计算可知，在磁场的一定范围内 F/Il 是一个恒定值。为了描述磁场这方面的性质，引入了磁感应强度这一物理量，如果用符号 B 表示磁感应强度，那么

$$B = \frac{F}{Il}$$

磁感应强度是矢量，它的大小如上式表示，它的方向就是该点磁场的方向。

它的单位由 F、I、l 共同决定，在国际单位制中其单位是特斯拉，简称特，符号为 T，1 T＝1 N/1 A·m。磁感应线的疏密也可以用来表示磁感应强度的大小，磁场中磁感应线密的地方磁感应强度强；反之则弱。如果磁场中的某一区域内，磁感应强度的大小和方向都相同，这个区域的磁场就叫做匀强磁场。匀强磁场中的磁感应线是一些方向相同、疏密程度一样、均匀分布的一组平行直线。通电螺线管内部的磁场可近似地看成匀强磁场。

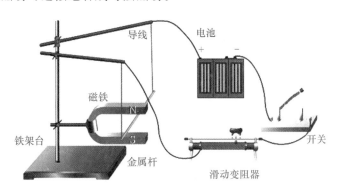

图 9－7　磁场强弱实验

② 磁通。在匀强磁场中取一个与磁场垂直的平面，如果磁场的磁感应强度为 B，平面的面积为 S，那么磁感应强度 B 和面积 S 的乘积，叫做穿过这个平面的磁通量（简称磁通）。如果用 Φ 来表示磁通量，那么有

$$\Phi = BS$$

在国际单位制中，磁通量的单位是韦伯，简称韦，符号是 Wb。将 $\Phi = BS$ 变形后可得 $B = \dfrac{\Phi}{S}$，因此也可以把磁感应强度看作是通过单位面积的磁通，简称磁通密度，因此 B 也可以用 Wb/m²（韦/米²）作单位。

③ 磁介质。空心螺线管的吸铁能力在插入一根软铁棒后会大大增强，如果换成铜棒后则没有明显变化。这表明磁场的强弱与介质有关，且介质不同对磁场的影响程度也不同。

介质对磁场的影响程度用磁导率 μ 来表示（μ 是表征介质导磁性能好坏的物理量），介质不同其 μ 值也不同，磁导率 μ 的单位是 H/m（亨/米，"亨"是电感的单位）。实验测得真空的磁导率是一个常数，用 μ_0 表示，即

$$\mu_0 = 4\pi \times 10^{-7} \text{ H/m}$$

空气、木材、玻璃、铜、铝、锡等物质与真空的磁导率非常接近。

各种物质的导磁性能一般是不相同的。为了方便使用，定义该种物质的磁导率和真空的磁导率的比值为相对磁导率，用 μ_r 表示，即

$$\mu_r = \frac{\mu}{\mu_0}$$

相对磁导率没有单位，其物理意义是在条件相同的情况下，介质的导磁性能是真空的多少倍。

根据物质的导磁性能，可以把物质分为 3 种类型，即抗磁物质、顺磁物质、铁磁物质。$\mu_r < 1$ 的物质被称为抗磁性物质，也就是说磁场中在放入该类物质后，磁场会减弱；$\mu_r > 1$ 的物质，被称为顺磁性物质，也就是说磁场中在放入该类物质后，磁场会增强；$\mu_r \gg 1$ 的物质，被称为铁磁性物质，也就是说磁场中在放入该类物质后，磁场会比在真空中的磁性强几千甚至几万倍，因此这类磁介质在实际生产中有很广的应用，铁、钢、钴、镍及其合金都属于这类物质。软铁棒的相对磁导率可达 2 200 左右，变压器铁芯中的硅钢片相对磁导率可达 7 500，而 C 形玻莫合金的相对磁导率可达 115 000。同学们请抽空去查一查这方面的资料开阔眼界吧！

④ 磁场强度。在研究磁场时，由于磁感应强度与介质有关，这使磁场的计算复杂化。为了方便计算，常用磁场强度来表示磁场的性质。磁场中某点的磁场强度的大小只与产生磁场的载流导线的传导电流强度、导体的形状和空间位置有关，而与介质无关。

磁场中某点的磁感应强度 B 与介质磁导率 μ 的比值叫做该点的磁场强度，用 H 来表示，即

$$H = \frac{B}{\mu} \text{或} B = \mu H = \mu_1 \mu_0 H$$

磁场强度是矢量，在均匀的介质中，其方向与磁感应强度方向相同。磁场强度的国际单位是 A/m（安/米）。

2）电磁感应现象

（1）电磁感应现象。

从前面的知识可知，电能生磁，反之，磁能否生电呢？对这个问题的回答是肯定的。

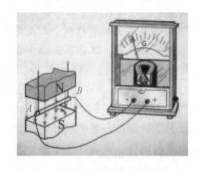

图 9 - 8　电磁感应实验

如图 9 - 8 所示的实验中，当导线 AB 在磁场中左右运动时电流表的指针会左右摆动；导线做垂直上下运动时，电流表的指针不动。如果保持导线在磁场中不动，让磁铁左右运动，电流表的指针也会左右摆动；保持导线在磁场中不动，让磁铁做垂直上下运动，电流表的指针也不动。分析实验可得，闭合电路的一根导线，做切割磁感应线的运动时，回路中就会有感应电流产生。

在图 9 - 9（a）所示的实验中，磁铁不动时电流表的指针不动；当磁铁插入或从线圈抽走时，电流表的指针均会摆动，说

明线圈中有电流流过。在图9-9（b）所示的实验中，通电线圈A电流不变时电流表的指针不动；当滑动变阻器滑动时，使通电线圈A电路中的电流增大或减小时，线圈B电流表的指针均会摆动，说明线圈B中也有电流流过。

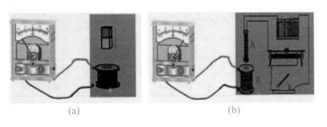

图9-9 电磁感应现象

分析上面的实验可以得出结论，不论用什么方法，只要穿过闭合电路的磁通发生变化，闭合电路中就会有电流产生。这种现象叫做电磁感应现象，产生的电流叫感应电流。

（2）右手定则。

对图9-10所示实验中产生的感应电流方向可用右手定则来判定：伸开右手，使大拇指与其余四指垂直，并且都跟手掌在同一个平面内，把右手放入磁场中，让磁感应线垂直穿过手心（手心对准北极，手背对准南极），让大拇指指向导线的运动方向，那么四指所指的方向就是感应电流的方向。

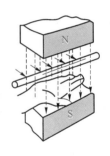

图9-10 右手定则

（3）楞次定律。

对图9-11所示实验中产生的感应电流方向可由楞次定律来判定。

按图9-11（a）连接电路图后，分别按图9-11所示的4种情况进行实验后，得到表9-1中的判定结论。

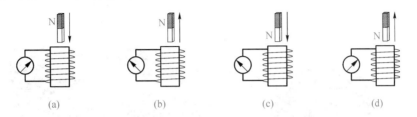

图9-11 感应电流方向探究

分析得出，感应电流具有这样的方向，即（这个方向）感应电流的磁场总要阻碍原磁通量（引起感应电流的磁通）的变化，这就是楞次定律。它是判断感应电流的普遍规律。右手定则是楞次定律的一种特殊情况。

电磁感应同样遵守能量守恒定律，它是将其他形式的能转换为电能的过程。

表 9－1　楞次定律判定电流的方向

类型	S 极插入	S 极抽出	N 极插入	N 极抽出
原磁极的运动情况	S 极靠近	S 极离开	N 极靠近	N 极离开
穿过线圈回路的磁通量变化	变大	变小	变大	变小
电流表指针偏转的方向	右偏	左偏	左偏	右偏
判定感应电流的磁场方向	上边为 S 极	上边为 N 极	上边为 N 极	上边为 S 极
感应电流的磁场对原磁通的影响	对变大的情况进行阻碍	对变小的情况进行阻碍	对变大的情况进行阻碍	对变小的情况进行阻碍

楞次定律是为了纪念提出这一定律的俄国物理学家楞次而命名的。

2. 认识发电机

1）认识发电机的组成

发电机可以分为直流发电机和交流发电机两类。交流发电机按工作的方式可以分为同步发电机和异步发电机（很少采用），按发电的相数分为单相发电机和三相发电机。

发电机通常由定子、转子、端盖、电刷、机座及轴承等部件构成，如图 9－12 所示。

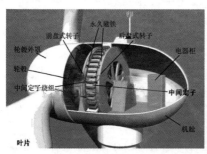
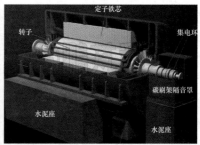

图 9－12　发电机结构

（1）发电机的定子。定子由机座、定子铁芯、绕组以及固定这些部分的其他结构件组成，如图 9－13 所示。

图 9－13　发电机定子铁芯与绕组

（2）转子。转子由转子铁芯、转子磁极（有磁轭、磁极绕组）、滑环（又称铜环、集电环）、风扇及转轴等部件组成，如图 9-14 所示。

图 9-14　发电机转子铁芯与滑环

2）认识发电机工作原理

图 9-15 所示为发电机的基本结构示意图。S、N 是两块永久磁铁，*abcd* 是放入其中的可以转动的矩形线圈，K、L 是铜环（集电环），电刷连接外电路后紧靠铜环。根据示意图来讨论发电机是怎样工作的。

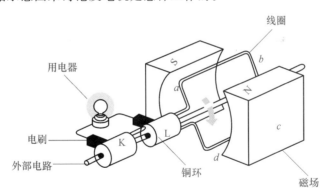

图 9-15　发电机结构简图

线圈开始转动时（见图 9-16（a）），*ab* 边向左运动，*cd* 边向右运动，导线此时没有切割磁感线，电路中没有电流流过。

线圈在前半周转动时（见图 9-16（b）），*ab* 边沿逆时针方向向下运动，*cd* 边向上运动，根据右手定则判断，此时的电流方向是 *d-c-b-a*。

线圈在后半周转动时（见图 9-16（c）、（d）），*ab* 边沿逆时针方向向上运动，*cd* 边向下运动，根据右手定则判断，此时的电流方向是 *a-b-c-d*。

就这样，只要矩形线圈不停地转动起来，线圈中就要产生感应电流，当矩形线圈匀速转动时，电流大小和方向随时间的变化做周期性变化。把 t_0 到 t_4 称为一个周期，用 T 表示，单位是 s，在这个周期中，电流的方向发生了两次变化。

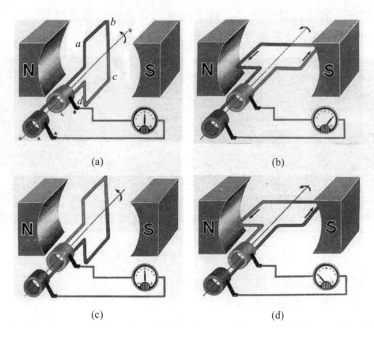

图 9 - 16 发电机工作过程

在单位时间 1 s 内周期变化的多少称为频率，用 f 表示，单位是 Hz。周期与频率之间存在以下关系，即

$$f = \frac{1}{T} \ \text{或} \ T = \frac{1}{f}$$

发电机工作发出的电流波形如图 9 - 17 所示。

3）了解影响发电机输出电动势高低的因素

发电机是利用电磁感应原理制成的，那么发电机发出电压的高低是由什么因素决定的呢？法拉第做了图 9 - 18 所示的实验。

从实验结果可知，发电机发出电动势的高低与磁场强度、线圈运动速度和线圈的匝数密切相

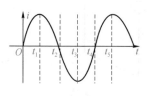

图 9 - 17 发电机工作发出的电流波形

关，即

$$E = k \frac{\Delta \Phi}{\Delta t} = \frac{\Delta \Phi}{\Delta t}$$

如有 n 匝线圈，则

$$E = n \frac{\Delta \Phi}{\Delta t}$$

这就是法拉第电磁感应定律。

（1）导体切割磁感应线时的感应电动势。

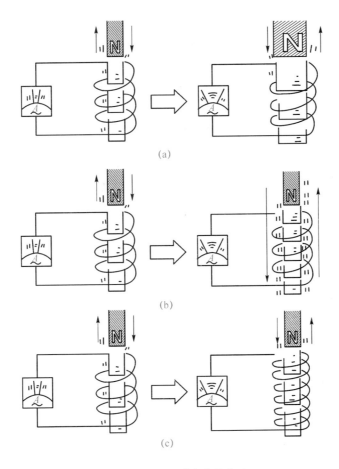

图 9 - 18　电磁感应定律实验

（a）磁场越强电流越大（电动势）；（b）移动越快电流越大（电动势）；

（c）线圈越多电流越大（电动势）

【例 9 - 1】　匝数为 $n=200$ 的线圈回路总电阻 $R=50\ \Omega$，整个线圈平面均有垂直于线框平面的匀强磁场穿过，磁通量 Φ 随时间变化的规律如图 9 - 19 所示。求线圈中的感应电流的大小。

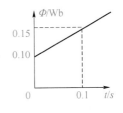

图 9 - 19　例 9 - 1 的图

解　$\dfrac{\Delta\Phi}{\Delta t}=\dfrac{0.15-0.10}{0.1}\ \text{V}=0.5\ \text{V}$

所以　$E=n\dfrac{\Delta\Phi}{\Delta t}=100\ \text{V}$

因此　$I=\dfrac{E}{R}=2\ \text{A}$

【例 9 - 2】　导体 ab 处于匀强磁场中，磁感应强度是 B，长为 L 的导体棒 ab 以速度 v（见图 9 - 20）匀速切割磁感应线。求产生的感应电动势。

分析 回路在时间 Δt 内增大的面积为

$$\Delta S = Lv\Delta t$$

穿过回路的磁通量的变化为：

$$\Delta \Phi = B\Delta S = BLv\Delta t$$

产生的感应电动势为

$$E = \frac{\Delta \Phi}{\Delta t} = \frac{BLv\Delta t}{\Delta t} \Rightarrow E = BLv$$

（2）若导体斜切磁感应线（见图 9 - 21）。

若导线运动方向与导线本身垂直，但跟磁感强度方向有夹角，则有

$$E = BLv_1 = BLv\sin\theta$$

说明：

① 导线的长度 L 应为有效长度。

② 导线运动方向和磁感线平行时，$E = 0$。

③ 若速度 v 为平均值（瞬时值），E 就为平均值（瞬时值）。

④ θ 为 v 与 B 的夹角。

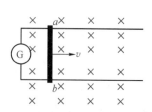

图 9 - 20 感应电流方向探究

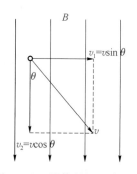

图 9 - 21 导体斜切磁感应线

3. 汽车发电机的工作原理

汽车交流发电机一般由转子、定子、整流器、端盖四部分组成。图 9 - 22 是 JF 132 型交流发电机组件。

（1）转子。转子的功用是产生旋转磁场，转子由爪极、磁轭、磁场绕组、集电环、转子轴组成，如图 9 - 23 所示。转子轴上压装着两块爪极，两块爪极各有 6 个鸟嘴形磁极，爪极空腔内装有磁场绕组（转子线圈）和磁轭。集电环由两个彼此绝缘的铜环组成，集电环压装在转子轴上并与轴绝缘，两个集电环分别与磁场绕组的两端相连。当两集电环通入直流电时（通过电刷），磁场绕组中就有电流通过，并产生轴向磁通，使爪极一块被磁化为 N 极，另一块被磁化为 S 极，从而形成 6 对相互交错的磁极。当转子转动时，就形成了旋转的磁场。

交流发电机的磁路为：磁轭→N 极→转子与定子之间的气隙→定子→定子与转子间的气隙→S 极→磁轭，如图 9 - 24 所示。

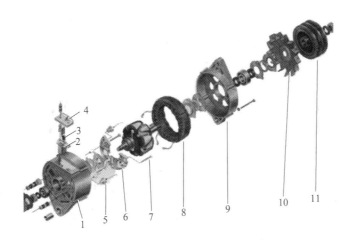

图 9 - 22　JF132 型交流发电机组件

1—后端盖；2—电刷架；3—电刷；4—电刷弹簧压盖；5—硅二极管；6—元件板；

7—转子；8—定子；9—前端盖；10—风扇；11—带轮

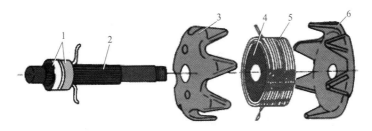

图 9 - 23　JF132 型发电机转子

1—集电环；2—轴；3，6—爪极；4—磁轭；5—励磁绕组

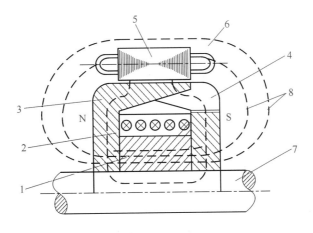

图 9 - 24　交流发电机磁路

1—磁轭；2—磁场绕组；3，4—磁极；5—定子铁芯；

6—定子绕组；7—轴；8—漏磁通

（2）定子。定子的功用是产生交流电。定子由定子铁芯和定子绕组组成。如图 9-25 所示，定子铁芯由内圈带槽的硅钢片叠成，定子绕组的导线就嵌放在铁芯的槽中。定子绕组有三相，三相绕组采用星形接法或三角形（大功率）接法，都能产生三相交流电。三相绕组必须按一定要求绕制，才能使之获得频率相同、幅值相等、相位互差120°的三相电动势。

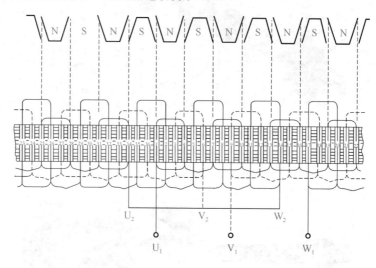

图 9-25　JF 132 型发电机定子展开图

① 每个线圈的两个有效边之间的距离应和一个磁极占据的空间距离相等。

② 每相绕组相邻线圈始边之间的距离应和一对磁极占据的距离相等或成倍数。

③ 三相绕组的始边应相互间隔 $2\pi + 120°$ 电角度（一对磁极占有的空间为 360° 电角度）。

（3）整流器。交流发电机整流器的作用是将定子绕组的三相交流电变为直流电，6 管交流发电机的整流器是由 6 只硅整流二极管组成三相全波桥式整流电路，6 只整流管分别压装（或焊装）在两块板上。

（4）端盖。端盖一般分为两部分（前端盖和后端盖），起固定转子、定子、整流器和电刷组件的作用。端盖一般用铝合金铸造：一是可有效地防止漏磁；二是铝合金散热性能好。后端盖上装有电刷组件，由电刷、电刷架和电刷弹簧组成。电刷的作用是将电源通过集电环引入磁场绕组。

4. 测速发电机

测速发电机是指输出电动势与转速成比例的微特电机。测速发电机的绕组和磁路经精确设计，其输出电动势 E 和转速 n 呈线性关系，即 $E = Kn$（K 是常数）。改变旋转方向时输出电动势的极性即相应改变。在被测机构与测速发电机同轴连接时，只要检测出输出电动势，就能获得被测机构的转速，故又称速度传感器。

测速发电机广泛用于各种速度或位置控制系统。在自动控制系统中作为检测速度的元件，以调节电动机转速或通过反馈来提高系统稳定性和精度；在解算装置中可作为微分、积分元件，也可作为加速或延迟信号用或用来测量各种运动机械在摆动或转动以及直线运动时的速度。测速发电机分为直流和交流两种。

直流测速发电机有永磁式和电磁式两种。其结构与直流发电机相近。永磁式采用高性能永久磁钢励磁，受温度变化的影响较小，输出变化小，斜率高，线性误差小。这种电机在 20 世纪 80 年代因新型永磁材料的出现而发展较快。电磁式采用他励式，不仅复杂且因励磁受电源、环境等因素的影响，输出电压变化较大，故用得不多。

交流测速发电机有空心杯转子异步测速发电机、笼式转子异步测速发电机和同步测速发电机 3 种。

9.3　工作单

操作员：_____　　　"7S"管理员：_____　　　记分员：_____

实训项目	探究导体在磁场中运动时产生感应电流的条件。			
实训时间		实训地点	实训课时	2
使用设备	电工实验台、电流表 1 只、开关 1 只、铜棒 1 根、蹄形磁铁 1 个、固定铜棒的连接线 2 根			
制订实训计划				
实施	探究导体在磁场中运动时产生感应电流的条件	操作步骤	（1）按照图 9-26 所示连接实验装置，探究导体在磁场中运动时产生感应电流的条件。 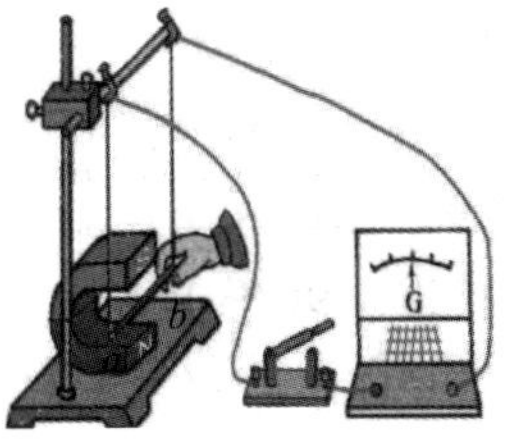 图 9-26　实验接线 （2）闭合开关后，铜棒 ab、电流表、开关组成闭合电路。将实验中观察到的现象记录在表 9-2 中。	

续表

			表 9－2　数据记录表			
实施	探究导体在磁场中运动时产生感应电流的条件	操作步骤	实验	开关	磁场方向	导体 ab 的运动方向	电流表指针的偏转方向

实验	开关	磁场方向	导体 ab 的运动方向	电流表指针的偏转方向
1	断开	上 N 下 S	向右运动	
2	闭合	上 N 下 S	向右运动	
3	闭合	上 N 下 S	向左运动	
4	闭合	上 N 下 S	向上运动	
5	闭合	上 S 下 N	向下运动	
6	闭合	上 S 下 N	向右运动	
7	闭合	上 S 下 N	向左运动	

（3）从实验分析可得出，闭合电路中的部分导体在磁场里做_____时，导体中就会产生感应电流。

（4）比较实验 2 和 3（或 6 和 7）可知，在磁场方向一定时，感应电流的方向与_____有关。

（5）比较实验 2 和 6（或 3 和 7）可知，_____。

（6）此实验的研究方法有控制变量法和_____法。在此实验的过程中是_____能转化为_____能，重要的应用是_____。

（7）针对这个实验作进一步的探究，感应电动势与磁场强度、导体长度、导体运动速度等的关系是怎样的？得出实验结论

评价	项目评定	根据项目器材准备、实施步骤、操作规范 3 个方面评定成绩
	学生自评	根据评分表打分
	学生互评	互相交流，取长补短
	教师评价	综合分析，指出好的方面和不足的方面

项目评分表

本项目合计总分：_____

1. 功能考核标准（90 分）

工位号_____　　　　　　　　　　成绩_____

项目	评分项目	分值	评分标准	得分
器材准备	实训所需器材	30	准备好实验所需器材，少准备一种器材扣 3 分	

续表

项目	评分项目	分值	评分标准	得分
实施过程	探究导体在磁场中运动时产生感应电流的条件	60	（1）能根据实验图正确连接实验装置，得 10 分； （2）根据实验条件，能准确观察实验现象，正确填写表 9-2，得 20 分； （3）能正确完成（3）～（6）填空题，得 20 分； （4）能正确得出实验结论：$E = BLv\sin\theta$，得 10 分	

2. 安全操作评分表（10 分）

工位号_____　　　　　　　　　　　　成绩_____

项目	评分点	配分	评分标准	得分
职业与安全知识	完成工作任务的所有操作是否符合安全操作规程	5	符合要求得 5 分，基本符合要求得 3 分，一般得 1 分	
	工具摆放、包装物品等的处理是否符合职业岗位的要求	3	符合要求得 3 分，有两处错得 1 分，两处以上错得 0 分	
	遵守现场纪律，爱惜现场器材，保持现场整洁	2	符合要求得 2 分，未做到扣 2 分	
项目	加分项目及说明			加分
奖励	整个操作过程中对现场进行"7S"现场管理和工具器材摆放规范到位的加 10 分 用时最短的 3 个工位（时间由短到长排列）分别加 3 分、2 分、1 分			
项目	加分项目及说明			加分
违规	违反操作规程使自身或他人受到伤害的扣 10 分； 不符合职业规范的行为，视情节扣 5～10 分； 完成项目用时最长（时间由长到短排列）的 3 个工位分别扣 3 分、2 分、1 分			

9.4　课后练习

1. 填空题

（1）交流发电机由_____、_____、_____、_____、_____、_____等

组成。

（2）利用如图9-26所示的实验装置可将机械能转化为_____能，根据这一原理人类研制成了_____机。

（3）图9-26所示是探究电磁感应现象的实验装置，装置中的直铜线 ab 通过导线接在灵敏电流计的两接线柱上，当直铜线 ab 迅速向上运动时，电流表指针_____；将 ab 改为向左运动时，电流表指针_____（填"偏转"或"不偏转"）；实验时开关应该_____，实验结果表明_____。

（4）作为一种应急措施，有时也可以用扬声器代替话筒。如图9-27所示装置，人对着扬声器的锥形纸盒说话，声音就会使与纸盒相连的线圈在_____中振动，从而产生随着声音的变化而变化的电流。这种产生电流的现象在物理学上称为_____现象。

（5）图9-28是一种环保型手电筒，筒内没有电池。使用时只要来回摇晃手电筒，使永磁体在手电筒中的两个橡胶垫之间穿过线圈来回运动，灯泡就能发光。这种手电筒能发电是依据_____原理。要使灯泡亮度增大，可采用的方法是_____（一种即可）。

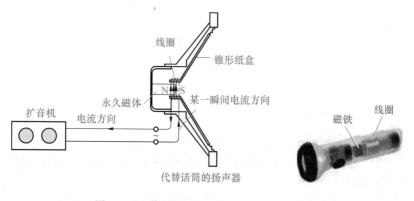

图9-27 装置图　　　　图9-28 环保手电筒

2. 判断题

（1）当一块磁体靠近闭合超导体时，超导体会产生强大电流，对磁体产生排斥作用，这种排斥力可使磁体悬浮在空中，磁悬浮列车采用了这种技术，磁体悬浮的基本原理是超导体使磁体处于失重状态。　　　　（　）

（2）闭合电路在磁场中做切割磁感应线运动，电路中一定会产生感应电流。
　　　　（　）

（3）楞次定律实质上是能量守恒定律的反映。　　　　（　）

（4）MN 是一根固定的通电长直导线，电流方向向上，今将一金属线框 abcd 放在导线上，让线框的位置偏向导线左边，两者彼此绝缘，当导线中的电流突然增大时，线框整体受力向右。　　　　（　）

3. 选择题

(1) 如图 9－29 所示，闭合金属导线框放置在竖直向上的匀强磁场中，匀强磁场的磁感应强度的大小随时间变化。有下列说法：

① 当磁感应强度增加时，线框中的感应电流可能减小

② 当磁感应强度增加时，线框中的感应电流一定增大

③ 当磁感应强度减小时，线框中的感应电流一定增大

④ 当磁感应强度减小时，线框中的感应电流可能不变

其中正确的是（　　）。

A. 只有②④正确　　　　　B. 只有①③正确　　　图 9－29　闭合金属线框

C. 只有②③正确　　　　　D. 只有①④正确

(2) 如图 9－29 所示，闭合线圈上方有一竖直放置的条形磁铁，磁铁的 N 极朝下。当磁铁向下运动时（但未插入线圈内部）（　　）。

A. 线圈中感应电流的方向与图中箭头方向相同，磁铁与线圈相互吸引

B. 线圈中感应电流的方向与图中箭头方向相同，磁铁与线圈相互排斥

C. 线圈中感应电流的方向与图中箭头方向相反，磁铁与线圈相互吸引

D. 线圈中感应电流的方向与图中箭头方向相反，磁铁与线圈相互排斥

(3) 如图 9－30 所示电路中，A、B 是两个完全相同的灯泡，L 是一个理想电感线圈，当 S 闭合与断开时，A、B 的亮度情况是（　　）。

A. S 闭合时，A 立即亮，然后逐渐熄灭

B. S 闭合时，B 立即亮，然后逐渐熄灭

C. S 闭合足够长时间后，B 发光，而 A 不发光

D. S 闭合足够长时间后，B 立即熄灭发光，而 A 逐渐熄灭

(4) 如图 9－31 所示，将一个正方形导线框 ABCD 置于一个范围足够大的匀强磁场中，磁场方向与其平面垂直。现在 AB、CD 的中点处连接一个电容器，其上、下极板分别为 a、b，让匀强磁场以某一速度水平向右匀速移动，则（　　）。

A. ABCD 回路中没有感应电流

B. A 与 D、B 与 C 间有电势差

C. 电容器 a、b 两极板分别带上负电和正电

D. 电容器 a、b 两极板分别带上正电和负电

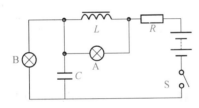

图 9－30　电路

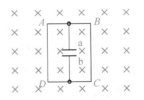

图 9－31　电路置于匀强磁场中

（5）如图 9 - 32 所示，一个边长为 a、电阻为 R 的等边三角形线框，在外力作用下，以速度 v 匀速穿过宽均为 a 的两个匀强磁场。这两个磁场的磁感应强度大小均为 B，方向相反，线框运动方向与底边平行且与磁场边缘垂直。取逆时针方向的电流为正。若从图 9 - 32 所示位置开始，线框中产生的感应电流 i 与沿运动方向的位移 x 之间的函数图像，下面 4 个图中正确的是（　　）。

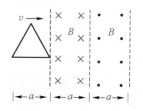

图 9 - 32　三角形线框穿过匀强磁场

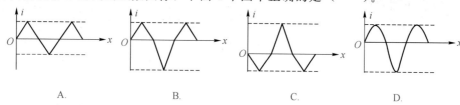

A.　　　　　B.　　　　　C.　　　　　D.

（6）关于产生感应电流的条件，以下说法中错误的是（　　）。

A. 闭合电路在磁场中运动，闭合电路中就一定会有感应电流

B. 闭合电路在磁场中做切割磁感应线运动，闭合电路中一定会有感应电流

C. 穿过闭合电路的磁通为零的瞬间，闭合电路中一定不会产生感应电流

D. 无论用什么方法，只要穿过闭合电路的磁感应线条数发生了变化，闭合电路中一定会有感应电流

（7）一均匀扁平条形磁铁与一线圈共面，磁铁中心与圆心 O 重合（见图 9 - 33）。下列运动中能使线圈中产生感应电流的是（　　）。

A. N 极向外、S 极向里，绕 O 点转动

B. N 极向里、S 极向外，绕 O 点转动

C. 在线圈平面内磁铁绕 O 点顺时针方向转动

D. 垂直线圈平面磁铁向纸外运动

图 9 - 33　一均匀条形磁铁与线圈共面

（8）如图 9 - 34 所示，绕在铁芯上的线圈与电源、滑动变阻器和电键组成闭合回路，在铁芯的右端套有一个表面绝缘的铜环 A。下列各种情况下铜环 A 中没有感应电流的是（　　）。

A. 线圈中通以恒定的电流

B. 通电时，使变阻器的滑片 P 做匀速移动

C. 通电时，使变阻器的滑片 P 做加速移动

D. 将电键突然断开的瞬间

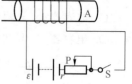

图 9 - 34　电路示意图

（9）交流发电机的定子绕组的主要作用是（　　）。

A. 产生电机磁场　　　　B. 传导机械动力　　　　C. 产生电动势

参 考 文 献

［1］孔晓华. 新编电工技术项目教程［M］. 北京：电子工业出版社，2007.

［2］李贤温. 电工基础与技能［M］. 北京：电子工业出版社，2006.

［3］周绍敏. 电工基础［M］. 北京：高等教育出版社，2006.

［4］劳动和社会保障部教材办公室. 电力拖动控制线路与技能训练［M］. 北京：中国劳动社会保障出版社，2007.

［5］强生泽，等. 电工技术基础与技能［M］. 北京：化学工业出版社，2019.

［6］程立群，黄承林. 电工技术基础与技能［M］. 西安：西安电子科技大学出版社，2019.

［7］任小平. 电工技术基础与技能（第2版）［M］. 北京：机械工业出版社，2018.

［8］周厚斌. 电工技术基础与技能［M］. 北京：北京师范大学出版社，2018.